Les plantes ont-elles une mémoire ?

Remerciements

Un certain nombre de collègues, amis et parents m'ont gracieusement aidé dans la préparation de ce livre. Je tiens à exprimer ma gratitude à Anne Alexandre, Jean-Louis Bonnemain, Marie-José Costil, Claude Gillet, Janine Guespin, Chantal et Yannick Kerdudou, Philippe Lefrançois, Nolwenn Legrand, Hervé Le Guyader, Ulrich Lüttge, Victor Norris, Sandrine Pesnel, Jeanine Rens, Camille Ripoll, Marie-Claire Verdus et Alain Vian dont l'aide m'a été précieuse tant sur le fond que pour en adapter la forme à un lectorat non scientifique et pour en améliorer l'illustration.

Éditions Quæ
RD 10
78026 Versailles Cedex
www.quae.com

ISBN : 978-2-7592-2325-1

Les plantes ont-elles une mémoire ?

Michel Thellier

Éditions Quæ

Sommaire

Préface

Eh oui, les plantes ont de la mémoire ! Le lecteur comprend évidemment que la réponse à l'interrogation du titre de Michel Thellier est positive. Les plantes ont-elles une mémoire ? Imaginons un titre analogue s'appliquant aux animaux ; on attendrait « la mémoire animale », ou « la mémoire des animaux », mais certainement pas « les animaux ont-ils une mémoire ? », une question que personne ne se pose, une évidence pour tout un chacun. Par là même, on perçoit immédiatement l'intérêt de l'ouvrage. Sa synthèse des découvertes les plus récentes en physiologie végétale sur la mémoire des plantes prouve l'inanité de l'idée reçue, et les hypothèses sur le rôle de cette fonction dans l'acclimatation des plantes aux contraintes de l'environnement lèvent les ultimes doutes. En replaçant la mémoire dans un cadre évolutif, l'auteur convainc qu'une nouvelle voie de recherche s'ouvre en physiologie végétale.

Quand on se penche sur la question, ce programme apparaît, en réalité, comme une nouvelle étape d'une histoire déjà longue, et pourtant si mal connue ! En effet, qui dit mémoire dit perception d'un signal, c'est-à-dire sensibilité. Mais comme c'est étrange de voir comment la réflexion scientifique sur la sensibilité des plantes a été occultée, alors que bon nombre de philosophes et botanistes s'y sont intéressés ! Étrange de voir qu'on cite encore les idées simplistes d'Aristote, pourtant réfutées immédiatement par son successeur ! En effet, les premiers biologistes se sont évidemment penchés sur les différences entre animaux et végétaux. Ainsi, Aristote (384-322 av. J.-C.) considérait que, si chaque être vivant avait une âme, suivant les cas, celle-ci pouvait présenter des caractéristiques fort différentes. Des trois fonctions de l'âme humaine – végétative, sensitive et intellectuelle –, celle des animaux n'en conservait que les deux premières, tandis que les végétaux ne disposaient que d'une simple âme végétative, gouvernant génération, alimentation et croissance. En d'autres termes, les plantes étaient dépourvues de sensibilité, *a fortiori* de mémoire. Or cette vision simpliste du monde végétal a été immédiatement remise en cause par Théophraste (371-288 av. J.-C.), qui s'est intéressé au phototropisme des plantes.

Dès les prémices de la science moderne, de nombreuses discussions tournent autour du mystère du végétal. Évidemment, à l'époque, il n'y avait ni les techniques ni les concepts pour approcher rationnellement le problème. Ainsi, au cours de la Renaissance, plusieurs observations-clés sont rapportées mais, la plupart du temps, avec des interprétations erronées. Giambattista Della Porta (1535-1615), plus connu pour ses recherches en optique, William Gilbert (1544-1603), père de l'électricité moderne, se penchent sur la polarité des plantes. En risquant une analogie osée avec le comportement des aimants, ils ouvrent la voie à la recherche d'une explication matérialiste du mouvement des plantes. Le botaniste portugais Cristobal Acosta (1515-1594) s'intéresse au mouvement rapide des feuilles de la sensitive (*Mimosa pudica*) et aux mouvements circadiens de celles du tamarinier (*Tamarindus indica*) qui s'enroulent le soir pour se dérouler au matin. Francis Bacon (1561-1626) croit que de tels mouvements sont le résultat de simples actions mécaniques, et avance une analogie forte entre vaisseaux et fibres des plantes et nerfs et vaisseaux sanguins des animaux. William

Harvey (1578-1657), le découvreur de la circulation sanguine et du rôle mécanique du cœur, va jusqu'à proposer que le mouvement rapide de la sensitive réponde aux mêmes causes que celles de la contraction musculaire animale.

De manière étonnante, la question de la sensibilité végétale ne reste pas restreinte à quelques intellectuels. Les études pionnières déclenchent, au milieu du XVIIe siècle, un engouement certain pour le mouvement des plantes. En Angleterre, on cultive la sensitive en serre, et des expérimentateurs comme Robert Browne (1605-1682) et Henry Power (1623-1668) s'intéressent aux phototropisme, gravitropisme, nutation... Le roi Charles II (1630-1685) demande à la Royal Society d'apporter une explication au mouvement des feuilles de la sensitive ! Les expériences qui s'ensuivent, rapportées par Robert Hooke (1635-1703), attirent l'attention sur la sensibilité de la plante. Tout cela conforte l'idée d'alors que, dans le cadre de l'Échelle des êtres (la *Scala Naturae*), la sensitive paraissait comme un intermédiaire entre le végétal et l'animal, au même titre que l'hydre d'eau douce (*Hydra viridissima*) découverte par Abraham Trembley (1710-1784). Ainsi la sensibilité – ou l'irritabilité, suivant Charles Bonnet (1720-1793) – ne pouvait plus être considérée comme le seul apanage des animaux. Du XVIIIe siècle, l'histoire retient entre autres l'ouvrage *L'Homme-machine* (1747) du matérialiste Julien Offray de La Mettrie (1709-1751), et qui a fait grand bruit. Mais on oublie qu'une année plus tard, il rédige *L'Homme-plante*, dans lequel il compare, de façon provocante, l'irritabilité de ces deux organismes.

Dès la généralisation de la démarche expérimentale, au début du XIXe siècle, différents naturalistes s'attaquent à certains aspects de la sensibilité des plantes. On retrouve alors des noms plus familiers, mais certains inattendus. Ainsi, dès 1806, Thomas Knight (1759-1838) rend compte des expériences de gravitropisme réalisées à l'aide de ce que l'histoire retient comme la « roue de Knight », et qui montrent que la racine et la tige s'orientent suivant une accélération, que ce soit celle de la gravitation seule ou combinée avec une force centrifuge. En 1812, il montre le phototropisme négatif de la racine. Henri Dutrochet (1776-1847) tente d'expliquer les mouvements de croissance par des phénomènes osmotiques, et, en coupant une plantule longitudinalement, découvre que la sensibilité à la lumière est bien complexe, car la partie à la lumière se courbe, tandis que celle à l'ombre continue tout droit. L'Allemand Julius von Sachs (1832-1897) et l'Autrichien Julius von Wiesner (1838-1916) reprennent les travaux de leurs prédécesseurs, en raffinant les expériences et en utilisant de nouvelles techniques. En combinant phototropisme et gravitropisme, ils tentent de déceler si les mouvements des plantes sont des réponses actives à l'environnement, ou de passives conséquences de l'action de la lumière et de la gravité. De manière originale, ils regardent si la quantité de mouvement est proportionnelle à l'intensité du stimulus, et Sachs, initiant des travaux de microscopie, soupçonne que l'environnement change la structure intracellulaire.

À cette même époque, un nom inattendu surgit dans la bibliographie, celui de Charles Darwin (1809-1882). Effectivement – on l'oublie –, Darwin a très largement publié en botanique et en physiologie végétale. On a trop tendance à restreindre son œuvre à son ouvrage *princeps* – *De l'origine des espèces* – certes fondamental, mais qui fait de l'ombre à tous ses autres centres d'intérêt. Or, quand on regarde ce que Darwin a fait en biologie végétale, on se rend compte que l'évolution et l'adaptation n'étaient pas loin. Il est passionnant de voir comment le père de la biologie évolutive moderne a mené son affaire. Au cours de l'année 1855, il s'est intéressé à la longévité des graines dans l'eau salée. On comprend qu'ainsi il voulait tester l'hypothèse de colonisation des îles océaniques par la voie marine. Tout au long de sa vie, il se penche sur la reproduction végétale, plus particulièrement celle des orchidées et des Fabacées (appelées alors Papilionacées), avec un accent sur les possibilités d'hybridation et sur le rôle essentiel des insectes pollinisateurs (hyménoptères, lépidoptères).

À partir des années 1860, Darwin se passionne pour le mouvement et la sensibilité des plantes, le cœur de notre sujet. Deux ouvrages importants portent sur les plantes grimpantes (*On the Movements and Habits of Climbing Plants*, 1865) et sur les plantes insectivores et les mouvements de capture qu'elles présentent (*Insectivorous Plants*, 1875). Il entraîne ensuite son septième enfant, Francis (1848-1925), dans une série d'observations et d'études sur le mouvement des plantes, vu de manière plus élargie. Ce sera la matière de son dernier ouvrage (*The Power of Movement in Plants*, 1880). On ne sera pas étonné de trouver, dans l'ouvrage de Michel Thellier, les mêmes espèces citées comme exemples, comme la bryone et la dionée. Ils sont tellement spectaculaires !

Les plantes insectivores passionnent Darwin. C'est d'abord un hobby, puis il regarde les choses de plus près. Ainsi, il montre qu'une droséra (*Drosera rotundifolia*) peut distinguer entre différents objets, et présente, à son grand désarroi, un toucher d'une sensibilité supérieure à celui de la peau humaine. La fermeture rapide de la feuille de la dionée l'amène à spéculer sur un éventuel système nerveux de la plante. Afin de tester cette idée, il rend visite, en 1873, à John Burdon-Sanderson (1828-1905) à l'université de Londres. Ce médecin place des électrodes sur une feuille de dionée, et, à chaque fois qu'un poil a été touché, enregistre une onde électrique analogue au potentiel d'action du neurone animal. Quelle belle expérience sur la sensibilité des plantes ! Et Darwin de la mettre en relation avec l'adaptation de la plante à une nutrition bien particulière.

En 1871, St George Mivart (1827-1900), professeur à Londres, critique sur plusieurs points *De l'origine des espèces*. Darwin s'en émeut, et y répond dans les dernières éditions de son ouvrage majeur. En particulier, Mivart énonce que la sélection naturelle ne peut expliquer la manière dont est apparue la sensibilité des plantes, en particulier celle des plantes grimpantes. En réponse, Darwin postule que la circumnutation est universelle, que c'est donc un caractère ancestral qui se spécialise ensuite pour donner les divers autres types de mouvement. C'est, entre autres, ce qui l'a amené à s'intéresser au gravitropisme et au phototropisme. Une série d'expériences lui permet de postuler que la pointe de la racine est sensible à la gravité – et à d'autres stimulus comme le toucher et la lumière –, et qu'un signal est transmis vers la zone de croissance, causant la courbure de la racine. Cette *root cap hypothesis* l'entraîne dans une controverse avec Sachs, qui lui reprochait son « amateurisme ». Mais Darwin ne s'arrête pas là, et formule une *root brain hypothesis*. Dans les dernières pages de *The Power of Movement in Plants*, on peut lire : « Il n'est guère exagéré de dire que l'extrémité de la radicule ainsi dotée, et ayant le pouvoir de diriger les mouvements des parties contiguës, agit comme le cerveau des animaux inférieurs.[1] » Il n'est pas allé jusqu'à proposer une mémoire, mais il n'en était pas loin. Enfin, reprenons une série d'expériences rappelées par Michel Thellier, celles portant sur le phototropisme du coléoptile. Étrange que l'on présente habituellement les expériences de Peter Boysen Jensen (1883-1959) et de Frits Went (1903-1990), sans parler de celles, pionnières, de Darwin ! C'est quand même lui qui, aidé de son fils, montre que le signal lumineux est perçu par la pointe du coléoptile, et qu'un signal migre dans les tissus sous-jacents.

1. *It is hardly an exaggeration to say that the tip of the radicle thus endowed, and having the power of directing the movements of the adjoining parts, acts like the brain of the lower animals.*

Il est stupéfiant de constater que, dans le monde universitaire anglo-saxon, les mouvements des plantes se trouvaient inclus, jusqu'en 1935, dans les livres de psychologie comparée ! En fait, c'est le développement de la physiologie végétale qui a amené l'autonomie de cette discipline, avec sa propre biochimie, sa propre hormonologie. Si parler de tropisme en psychologie paraît quand même extravagant, une tentative de vision unitaire du vivant avait l'avantage de ne pas isoler monde animal et monde végétal, au risque de provoquer l'étonnement de tout un chacun devant l'existence de la sensibilité des plantes !

Dans la majorité des cas, la sensibilité des plantes présente comme conséquence des mouvements irréversibles de croissance, que ce soit la circumnutation des plantes volubiles, ou les tropismes de racine ou de tige. Darwin avait bien compris l'intérêt adaptatif de ces mouvements, et l'avait replacé dans un cadre évolutif. En fait, l'ouvrage de Michel Thellier permet d'aller un pas plus loin. Il y a mémoire, mais, comme il l'explique sobrement, elle n'a rien à voir avec la mémoire animale telle que nous la connaissons. Simplement, si les mouvements résultant de la sensibilité des plantes sont cruciaux pour la vie de la plante – la racine vers le sol, la tige vers la lumière –, une mémoire va permettre une adaptation plus élaborée, plus intégrée, qu'une simple réponse immédiate : « si la mémoire contribue à permettre à un végétal d'élaborer une réponse adaptée aux conditions régnant à l'endroit où il se trouve, cela peut, à l'évidence, lui être profitable. »

À n'en pas douter, l'ouvrage de Michel Thellier suscitera des travaux ultérieurs, qui, des biologies cellulaire et moléculaire à l'écophysiologie, participeront à la compréhension de la manière dont les quelque 270 000 espèces recensées d'Angiospermes ont colonisé notre planète.

Hervé Le Guyader

Pour en savoir plus

Hopper S.D., Lambers H., 2009. Darwin as a plant scientist: A southern hemisphere perspective. *Trends in Plant Science*, 14 (8), 421-435.

Kutschera U., Briggs W.R., 2009. From Charles Darwin's botanical country-house studies to modern plant biology. *Plant Biol.*, 11, 785-795.

Kutschera U., Niklas K.J., 2009. Evolutionary plant biology: Charles Darwin's forgotten synthesis. *Naturwissenschaften*, 96, 1339-1354.

Whippo C.W., Hangarter R.P., 2009. The "Sensational" power of movement in plants: A Darwinian system for studying the evolution of behavior. *Am. J. Bot.*, 96 (12), 2115-2127.

La plante et le souvenir

Il était une fois...

Il était une fois un jeune homme et une jeune femme qui s'aimaient. Comme ils se promenaient en forêt, ils arrivèrent près d'une fondrière. Les flancs en étaient tapissés de myosotis d'un bleu intense. La jeune femme s'extasia sur la beauté des fleurs. Le jeune homme entreprit de lui cueillir un bouquet, en s'aventurant sur le bord du gouffre. Il ne connaissait pas les fondrières, ni le danger de la boue épaisse qu'elles contenaient. Il perdit pied sur la paroi humide, glissa jusqu'au bas du trou et commença de s'enfoncer. D'un ultime effort, il lança les fleurs qu'il tenait en sa main vers la jeune femme en disant : « Ne m'oubliez pas ! » Puis il fut englouti pour toujours. On ne sait pas ce que devint la jeune femme, si elle ne vécut plus que dans la mémoire de son amoureux disparu, ou si elle ne tarda pas à se consoler dans les bras d'un nouvel amant. Mais le myosotis devint le symbole du souvenir et s'appela désormais « ne-m'oubliez-pas » en France, *forget-me-not* en Angleterre, *Vergissmeinnicht* en Allemagne, *nomeolvides* en Espagne, et ainsi de suite dans beaucoup d'autres langues.

Mais hors de ce conte romantique, les plantes, plus encore que du symbole du souvenir, pourraient-elles être douées d'une mémoire propre ? Dans le public, les avis sont partagés. Certains sont persuadés que les végétaux ont une mémoire quasiment semblable à la nôtre, que les plantes d'appartement se souviennent de la tendresse ou de la négligence avec lesquelles elles ont été traitées, et qu'elles réagissent en conséquence. Il en est d'autres pour penser que, dans le monde vivant, la possession d'une mémoire est réservée aux animaux, tout particulièrement aux humains, et que la « mémoire des plantes » ne saurait être qu'un oxymore. Et si la vérité se trouvait à mi-chemin de ces deux opinions extrêmes ?

... L'histoire d'une découverte

On sait aujourd'hui que les végétaux ont de la mémoire, même si elle est très différente de la nôtre. L'histoire de la découverte de son existence et de son rôle est un peu tortueuse. Tout est parti de l'étude des corrélations qui se manifestent entre les différents organes d'une même plante, et de la façon dont on peut modifier ces corrélations par l'application de stimulations appropriées. Dans certaines des expériences, il apparaissait que des stimulations, qui semblaient n'avoir aucun effet sur le moment, n'en provoquaient pas moins, à retardement, des modifications du métabolisme ou de la croissance de la plante. Cela parut d'abord incompréhensible, mais finit par s'interpréter en admettant que les plantes avaient la capacité de « mémoriser » de l'information, et que cette information pouvait rester plus ou moins longtemps latente avant d'avoir un effet sur leur développement.

L'étude de cette mémoire inattendue était fascinante, mais compliquée car le système expérimental grâce auquel on l'avait découverte était d'une manipulation délicate. Nous finîmes par trouver d'autres systèmes expérimentaux qui nous permirent d'en étudier plus simplement les principales propriétés. Dans le même temps, d'autres groupes de chercheurs mettaient en évidence, à partir de systèmes très divers, d'autres manifestations de mémoire végétale.

Ainsi, il se fit peu à peu un consensus sur cette réalité. Restait à comprendre à quoi cette mémoire pouvait leur servir ! Or, les plantes, incapables de se déplacer, doivent parvenir à faire le meilleur usage des stimulations qui leur sont favorables (comme la pluie, l'éclairement) tout en résistant de leur mieux aux plus défavorables (choc thermique, choc de sécheresse, attaque par des phytophages, etc.) à l'endroit où elles se sont enracinées. Tout laisse à penser que cette mémoire intervient dans leur acclimatation aux conditions de leur environnement. Ce petit livre retrace l'histoire de cette étude de la mémoire végétale telle que l'auteur l'a vécue. Bien que cette étude soit le fruit de travaux de laboratoire, ce texte ambitionne de ne pas le faire comme le ferait une publication scientifique.

Les hommes et femmes de science sont des gens inhabituels. Professionnellement, ils sont formés à la planification et à l'interprétation d'expériences, ainsi qu'à un aller-retour permanent entre expérimentation et réflexion. Ils ont développé une terminologie, des symboles et des formules plus ou moins mathématisées, qui leur permettent de s'exprimer entre eux avec concision et précision, mais qui ne sont pas très parlants pour les non-initiés. Ici, nous utiliserons autant que possible le langage naturel. Les expériences seront décrites de façon arrangée et simplifiée (avec des renvois bibliographiques aux articles scientifiques originaux pour ceux qui sont friands d'exactitude). Un glossaire, à la fin de l'ouvrage rappellera la signification des termes les moins familiers.

Pour avancer dans l'étude de la sensibilité et de la mémoire des plantes, nous allons être conduits à parler de protéines, gènes, ADN, ARNm, etc. Ces termes ne sont pas familiers à tout le monde. Ils impliquent des problèmes de codage qui peuvent, à première vue, paraître un peu abscons. Aussi, nous consacrerons l'annexe 1 à une série de jeux consistant à coder et décrypter des messages secrets à l'aide de gommettes de formes et de couleurs différentes. Une fois à l'aise dans ces jeux, les codages dont la vie se sert ne poseront plus de véritables difficultés ; et l'annexe 2 fournira quelques données de biologie moléculaire, élémentaires mais suffisantes pour la compréhension du texte principal. Enfin l'annexe 3 introduira la notion de condensation ionique, un phénomène souvent mal connu des biologistes et qui, pourtant, peut jouer un rôle clef de commutateur dans le fonctionnement des systèmes biologiques.

Bienvenue dans le monde des plantes, de leur sensibilité aux stimulations de l'environnement, et des mises en mémoire qu'induisent ces stimulations.

CHAPITRE 1

MOI, UNE PLANTE

Premier portrait

La jeune plante étant l'héroïne du livre, il nous faut en faire une rapide présentation, telle qu'elle est dans ses premiers jours. Le plus souvent, c'est dès l'école maternelle que l'on découvre le phénomène de la germination. Dans une boîte de verre, sur du coton imbibé d'eau, la maîtresse dépose quelques graines, par exemple de radis rose (*Raphanus sativus* pour les botanistes). Au cours des jours suivants, les graines gonflent ; puis il en sort une petite pointe, la future racine, qui s'insinue vers le bas entre les fibres du coton, pendant que, à l'opposé, une crosse d'un jaune verdâtre (l'ébauche des futures parties aériennes) se déploie peu à peu vers le haut.

La figure 1-1 donne l'image d'un radis rose âgé de deux à trois semaines. On y reconnaît la racine, l'hypocotyle, le bourgeon terminal (ou apex) et deux cotylédons opposés. La racine

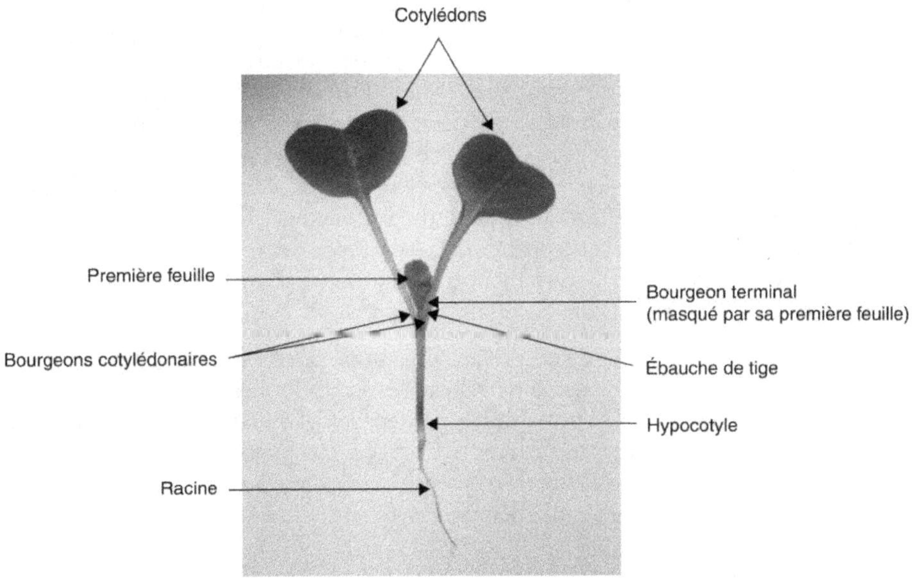

FIGURE 1-1 ■ **Plant de radis âgé de 2 à 3 semaines. Photo : Chantal Kerdudou.**

À cet âge, l'hypocotyle, qui se chargera de réserves et deviendra la partie comestible du radis, est déjà légèrement teinté de rose. Le bourgeon terminal est en croissance active et commence à former une tige et des feuilles. Les bourgeons cotylédonaires sont si petits qu'on ne les voit pas sur la photo.

s'agrandit par sa pointe. Les cotylédons, un peu en forme de cœur chez le radis, sont les toutes premières feuilles ; ils préexistent dans la graine et s'élargissent et verdissent après la germination. L'hypocotyle est la partie de la tige comprise entre la racine et les cotylédons. L'apex est un bourgeon en croissance active. À l'aisselle de chacun des cotylédons, il y a un bourgeon (dit cotylédonaire) ; les bourgeons cotylédonaires sont inactifs et si petits qu'il est difficile de les distinguer à l'œil nu.

L'apex va former la tige puis de véritables feuilles. Celles du radis rose sont quasi elliptiques et indentées sur les bords ; mais la forme des feuilles est extrêmement variable d'une espèce végétale à l'autre. Leur disposition est également variable selon les espèces : sur une tige, elles peuvent être opposées (c.-à-d. se présenter par paires où chacune est disposée en face de l'autre, symétriquement par rapport à la tige) ou alternes (décalées les unes par rapport aux autres tout au long de la tige). Les feuilles, y compris les cotylédons, comprennent le limbe (la partie étalée) et le pétiole, qui rattache le limbe à la tige. Elles contiennent de la chlorophylle, un pigment qui leur donne leur couleur verte et leur permet d'effectuer la photosynthèse[2].

Dans le milieu où elle est implantée (le sol, dans les conditions naturelles), la racine puise l'eau et les sels minéraux (nitrates, sulfates, phosphates et sels de potassium, calcium, magnésium, oligoéléments, etc.) dont la plante a besoin pour son développement. L'absorption de sels minéraux par la racine prend le nom de nutrition minérale.

La photosynthèse : une capacité exceptionnelle

Depuis que le réchauffement climatique est devenu une préoccupation médiatisée, chacun sait que la combustion de la matière organique, y compris bien sûr celle d'origine végétale, consomme de l'oxygène, libère du gaz carbonique (ou dioxyde de carbone, CO_2) en même temps que de l'eau, et fournit de l'énergie. Les chimistes savent faire la réaction inverse, c'est-à-dire créer des molécules organiques avec libération d'oxygène, par la combinaison de gaz carbonique et d'eau, en consommant de l'énergie. Tandis que grâce à la photosynthèse, les végétaux verts, eux aussi, parviennent à libérer de l'oxygène et fabriquer de la matière organique (spécialement des sucres) à partir de gaz carbonique et d'eau ; et c'est la lumière qui leur apporte l'énergie nécessaire à cette opération. En conditions naturelles, la lumière absorbée pour la photosynthèse est tout simplement celle dispensée par le soleil ; en conditions de laboratoire, cette lumière peut être fournie par des lampes.

Nous n'entreprendrons pas, ici, de décrire le mécanisme (complexe) de la photosynthèse ; mais rappelons que les plantes, par combinaison des sucres formés par la photosynthèse avec les sels minéraux absorbés par la racine, parviennent à fabriquer la quasi-totalité des molécules constitutives de la matière vivante. C'est ainsi que les végétaux verts élaborent leur propre substance pour assurer leur croissance. Puis les animaux herbivores, les champignons et toutes sortes d'organismes non photosynthétiques se nourrissent des végétaux

2. Les végétaux verts contiennent d'autres pigments que la chlorophylle, en particulier des pigments de couleur jaune ou rouge orangé tels que les caroténoïdes. Il arrive parfois que la teneur des feuilles en ces pigments soit suffisamment grande pour qu'on ne voie plus la couleur verte (cas des algues brunes et rouges ou de plantes ornementales tels que les hêtres « rouges »). Mais, même alors, ces pigments ne jouent, au mieux, qu'un rôle accessoire dans le processus de photosynthèse en contribuant à optimiser l'utilisation de la lumière par la chlorophylle.

verts ; pour une part, ils utilisent cette alimentation à former leur propre substance ; pour une autre part, ils tirent l'énergie dont ils ont besoin de l'oxydation des aliments par l'oxygène qu'ils respirent (avec libération de gaz carbonique et d'eau). À leur tour, les carnivores se nourrissent des herbivores.

Les êtres photosynthétiques sont les arbres des forêts, les herbes des prairies, les algues d'eau douce et de mer, et aussi, et peut-être surtout, les algues microscopiques du phytoplancton. Du point de vue du bilan, ces êtres photosynthétiques contribuent à nous débarrasser du gaz carbonique et libèrent l'oxygène dont nous avons besoin pour respirer. Ainsi, la vie animale telle que nous la connaissons sur terre ne pourrait pas se perpétuer si les végétaux photosynthétiques n'existaient pas[3].

Tant que l'humanité s'est contentée de consommer et brûler de la matière vivante ou immédiatement tirée de la matière vivante (bois mort, par exemple), il a pu s'établir un état quasi stationnaire où la production de gaz carbonique et la consommation d'oxygène, résultant de l'activité des êtres non-photosynthétiques, étaient à peu près compensées par la production d'oxygène et la consommation de gaz carbonique résultant de l'activité des êtres photosynthétiques[4]. Mais lorsque les humains se mirent à brûler massivement les combustibles fossiles (charbon, pétrole, gaz combustibles), cet état quasi stationnaire se trouva rompu et la concentration du gaz carbonique atmosphérique s'est mise à augmenter avec les conséquences climatiques que cela risque d'entraîner.

À la base de l'organisme végétal

Comme tous les êtres vivants, les plantes sont constituées de cellules, de tailles et de formes différentes selon le tissu auquel elles appartiennent (épiderme, stomates, systèmes conducteurs, parenchymes, méristèmes, etc.).

L'*épiderme* est un tissu superficiel aux cellules quasi rectangulaires et jointives.

À la surface de divers organes, spécialement les feuilles, les *stomates* sont faits de cellules limitant un orifice qu'ils peuvent ouvrir (ou fermer) pour permettre (ou limiter) les échanges de gaz et surtout de vapeur d'eau (cf. fig. 4.2, l'image d'un stomate parmi les cellules épidermiques de l'hypocotyle d'un jeune plant de lin).

Les *parenchymes* sont des tissus internes, aux cellules généralement arrondies. Les cellules du parenchyme des feuilles contiennent de la chlorophylle et réalisent la photosynthèse.

---

3. En toute rigueur, il existe quelques animaux ayant fixé dans leurs tissus des algues monocellulaires vertes ou des chloroplastes, et qui vivent ainsi de la photosynthèse sans avoir nécessairement besoin de s'alimenter. Par exemple, le petit ver marin *Convoluta roscoffensis* (récemment rebaptisé *Symsagittifera roscoffensis*), aisément reconnaissable à sa couleur verte, est dépourvu de système digestif et tire de la photosynthèse sa substance et l'énergie nécessaire à ses déplacements. Quant à savoir si les petits hommes verts dont se régale la littérature de science-fiction seraient des êtres humanoïdes photosynthétiques, seule l'exploration spatiale pourra peut-être un jour nous permettre de savoir ce qu'il en est.

4. En réalité, la photosynthèse n'est pas le seul mécanisme permettant la séquestration du gaz carbonique sous une forme non atmosphérique. Il faut aussi tenir compte de la simple dilution de ce gaz dans l'eau des océans et de son immobilisation sous forme de carbonate de calcium (par exemple, par les algues calcaires et les coquillages). À voir l'épaisseur des bancs calcaires retrouvés dans certaines formations géologiques, il semble même que ce dernier processus ait pu jouer un rôle majeur à certaines périodes de l'histoire de la Terre.

Les *systèmes conducteurs* sont de deux types (dont l'ensemble forme les faisceaux libéro-ligneux). D'une part, les vaisseaux du bois sont faits de cellules mortes qui s'arrangent en véritables tubes aux parois épaisses ; ils véhiculent la *sève brute*, laquelle est principalement faite d'eau et de sels minéraux, depuis les racines (qui absorbent ces substances dans le milieu extérieur) jusqu'aux parties aériennes ; le moteur principal de l'ascension de la sève brute est tout simplement l'évaporation de l'eau au niveau des feuilles. D'autre part, les cellules dites libériennes sont des cellules vivantes qui transportent la *sève élaborée* (sève qui s'est enrichie des substances organiques, spécialement des sucres, synthétisés dans les feuilles) depuis ces dernières jusqu'au reste de la plante.

Par opposition aux tissus faits de cellules différenciées dont il vient d'être question, les *méristèmes* sont des massifs de cellules embryonnaires (petites et non différenciées). Dans l'apex (et éventuellement dans d'autres bourgeons actifs chez les plantes adultes), ainsi qu'à la pointe des racines, il existe des méristèmes dont les cellules se divisent rapidement et assurent la croissance en longueur des organes. Outre ces méristèmes dits *primaires*, on trouve aussi des méristèmes *secondaires* qui assurent la croissance en épaisseur des végétaux.

Contrairement au cas des cellules animales, il arrive assez fréquemment chez les végétaux que, sous des influences diverses (hormones, traumatismes, etc.), des cellules différenciées, appartenant à un tissu adulte, se dédifférencient et entrent en division, engendrant ainsi de nouveaux méristèmes. C'est, par exemple, ce que nous verrons se passer dans l'épiderme de l'hypocotyle de jeunes plants de lin (p. 51).

Les cellules végétales (fig. 1.2) sont des systèmes compartimentés où l'on rencontre, de l'extérieur vers l'intérieur, la *paroi*, le *cytoplasme* et une ou plusieurs *vacuoles*. La paroi est qualifiée de *pectocellulosique* parce que principalement constituée de fibres de cellulose et d'une sorte de ciment formé d'un mélange de diverses espèces chimiques dites *substances pectiques*. Le

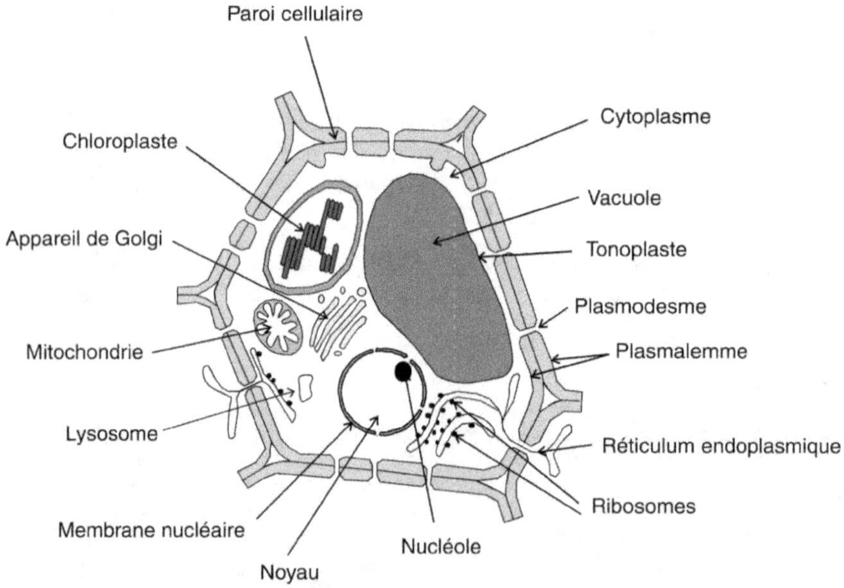

FIGURE 1.2 ■ **Représentation schématique d'une cellule végétale. D'après Farineau & Morot-Gaudry, 2011.** ***Dessin de Y. Roux reproduit avec son aimable autorisation.***

cytoplasme contient le *noyau* (porteur de l'essentiel de l'information génétique, et dans lequel on distingue une ou plusieurs sous-structures dites *nucléoles*) ainsi que des organites dont les principaux sont les *mitochondries* (siège de la respiration), les *chloroplastes* (où se produit la photosynthèse), le *réticulum endoplasmique* et l'*appareil de Golgi* (impliqués dans la biosynthèse et la migration de certaines protéines), des *lysosomes* (impliqués dans les processus de dégradation) ainsi qu'un réseau de microfilaments et de microtubules (le *cytosquelette*, non représenté). Le tout baigne dans le *cytosol* ; ce cytosol est un milieu aqueux complexe, contenant des ions minéraux et d'autres petites molécules ainsi que des macromolécules. Les vacuoles renferment un milieu aqueux non structuré.

Des membranes, dites *lipoprotéiques* parce que constituées de lipides (ou corps gras) et de protéines, limitent les principaux compartiments et organites cellulaires. Parmi les membranes lipoprotéiques des cellules végétales, la membrane plasmique (ou *plasmalemme*) sépare la paroi du cytoplasme, et le *tonoplaste* sépare le cytoplasme de la (des) vacuole(s). Enfin, la paroi est percée de pores (les *plasmodesmes*) permettant des communications de cellule à cellule.

Il y a d'assez larges variations par rapport à ce schéma de base. Par exemple, dans les cellules méristématiques, la paroi est très fine, les vacuoles sont presque inexistantes et le noyau occupe une part importante du volume cellulaire.

Chapitre 2

ATTENTION, VÉGÉTAL SENSIBLE !

Une sensibilité ciblée

L'existence d'une mémoire ne se concevant que s'il y a quelque chose à mémoriser, il nous faut commencer par examiner la sensibilité des plantes aux stimulations de l'environnement.

Les animaux, et spécialement nous, les humains, sommes des êtres sensibles. Tout le monde est d'accord là-dessus. Nous percevons des stimulus[5] (visuels, sonores, tactiles, olfactifs, etc.) à l'aide de nos organes des sens, et nous traitons l'information correspondante grâce à nos cellules nerveuses (ou neurones). En revanche, il est fréquent d'admettre que les végétaux sont par nature inertes et insensibles. Ne dit-on pas de quelqu'un dont le cerveau a subi une détérioration irréversible qu'il est devenu « un véritable légume » !

En fait, il y a des stimulus que les plantes perçoivent et d'autres qu'elles ne perçoivent pas. Quoi qu'en pensent certains, il ne semble pas que les plantes soient sensibles à la musique (Braam & Davis, 1990) ; mais elles réagissent à des stimulus abiotiques tels que la durée relative du jour et de la nuit (photopériode), la gravitation, le vent, la pluie, un simple contact, la sécheresse, le froid, et même les rayonnements électromagnétiques tels que ceux des téléphones mobiles (cf. p. 53-54). Elles réagissent aussi aux blessures (par exemple, infligées par les animaux herbivores) ainsi qu'aux attaques par diverses pestes (champignons, bactéries ou virus).

Les réponses terminales des plantes aux stimulus consistent le plus souvent en une modification du métabolisme et/ou de la croissance et de la morphogenèse[6]. Il arrive qu'elles soient accompagnées d'un mouvement macroscopique (visible à l'œil nu). Elles peuvent impliquer la plante entière ou être parfois locales (c.-à-d. n'affecter que l'organe qui a perçu la stimulation) ou plus ou moins distantes de la zone stimulée.

5. Il est courant d'utiliser plutôt « stimuli » comme pluriel de « stimulus ». Mais cela est illogique. D'une part, si l'on veut employer le latin, il faut satisfaire aux déclinaisons et l'on devrait alors dire, par exemple, « l'effet des *stimulorum* » et non « l'effet des stimuli » ! D'autre part, il existe bien d'autres mots en « us » (cursus, fœtus, lapsus, processus, etc.) qui ne s'écrivent pas en « i » au pluriel. Dans ce qui suit, nous considérerons donc « stimulus » comme un mot invariable (ce qui d'ailleurs est permis par les dictionnaires).

6. Morphogenèse = acquisition de la forme.

Les affaires sensibles du végétal

Plus longue est la nuit

En ville, il arrive qu'un réverbère soit voisin d'un arbre et qu'ainsi la lampe se trouve proche d'une partie des branches. En automne, quand la plupart des feuilles de l'arbre auront jauni et seront tombées, vous serez surpris de voir que, pendant quelques jours, il reste une touffe de feuilles au voisinage immédiat de la lampe (fig. 2.1). La raison en est que l'un des stimulus impliqués dans le jaunissement et la chute des feuilles est une période d'obscurité journalière suffisamment longue. C'est ce qui explique que les feuilles tombent à l'automne, lorsque les jours raccourcissent et que les nuits s'allongent. Mais, là où l'éclairement du réverbère est suffisant pour augmenter la durée apparente du jour, le jaunissement et la chute des feuilles sont retardés par rapport à ce qui se passe pour les feuilles plus éloignées.

FIGURE 2.1 ■ **La présence du réverbère retarde la chute des feuilles.**
Photo prise à la levée du jour, par un matin d'automne légèrement brumeux.

Pour certaines espèces, la durée relative du jour et de la nuit joue un rôle majeur sur la floraison de la plante. On distingue alors des plantes « de jours courts » et des plantes « de jours longs » : elles ont besoin, pour fleurir, qu'au cours de la journée la phase d'obscurité soit suffisamment longue ou suffisamment courte, respectivement (cf. encadré). La lampourde (*Xanthium*) est un genre, appartenant à la famille des Astéracées (les anciennes Composées), maintenant répandu dans le monde entier ; il comporte de nombreuses espèces, sous-espèces et variétés, généralement considérées comme de mauvaises herbes, mais dont certaines ont des applications médicinales. La lampourde de Pennsylvanie (*Xanthium pennsylvanicum*) a été particulièrement bien étudiée du point de vue de ses exigences photopériodiques. Elle ne fleurit que lorsque la période d'obscurité journalière est d'au moins 9 heures (donc la période d'éclairement inférieure à 15 heures) et à condition que l'obscurité ne soit pas interrompue (même par une illumination de quelques minutes).

Cela dit, il y a dans l'année une longue période pendant laquelle la durée de la nuit, même sans être à son maximum, est suffisamment longue pour jouer sur la floraison des plantes à exigences photopériodiques : c'est la période qui va de la fin de l'automne au début du printemps. Examinez le comportement des forsythias. Ce sont des arbrisseaux fréquents dans les jardins d'agrément. Ils se couvrent de jolies fleurs jaunes à la fin de l'hiver (moment où la période d'obscurité journalière est encore longue et où le début de la montée de sève permet une intense morphogenèse). Les fleurs disparaissent et les feuilles apparaissent à la belle saison, période de l'année pendant laquelle les nuits sont courtes. Vers le mois de novembre, lorsque la longueur des nuits a suffisamment ré-augmenté, les feuilles tombent et les forsythias prennent l'aspect de petits fagots de branches dénudées. Pourtant, si vous les considérez avec attention, vous verrez que, du moins sur certains pieds, dans les endroits abrités, ces branches forment quelques fleurs pendant tout l'hiver : c'est que l'on se trouve alors dans une situation où la nuit est suffisamment longue pour induire une mise à fleurs, mais où la plante, étant alors en dormance, ne peut pas faire une floraison massive.

Il est également des plantes dont la germination se produit au printemps, puis qui meurent à l'automne après avoir grandi, forci, fleuri, être arrivées à maturité et avoir libéré leurs graines pendant la belle saison ; ces graines germeront au printemps suivant, et ainsi de suite. Comme leur cycle de vie se déroule sur une année, ces plantes sont dites « annuelles ». Considérons alors une espèce annuelle ayant besoin pour fleurir que la nuit soit suffisamment longue (supérieure à une valeur critique). Comme la germination peut se produire un peu plus tôt ou un peu plus tard selon les conditions climatiques locales, certains individus germent alors que les nuits sont plus longues que la valeur critique, et d'autres lorsque les nuits sont devenues plus courtes. Les individus les plus précoces se trouveront en état de fleurir avant même d'avoir eu le temps de croître ; ils formeront presque immédiatement une ou deux fleurs et resteront de petite taille avec tout juste quelques feuilles. Pour les plus tardifs, la nuit sera déjà trop courte pour qu'ils puissent immédiatement fleurir ; aussi, ils croîtront, formeront des tiges et des feuilles pendant toute la belle saison, et ne fleuriront (mais alors abondamment) que lorsque les nuits seront redevenues suffisamment longues à l'automne.

Ainsi, deux plantes de la même espèce, selon qu'elles auront par hasard germé un peu plus tôt ou un peu plus tard, auront finalement un aspect différent : soit elles resteront naines avec tout juste une ou quelques fleurs écloses au printemps, soit elles développeront (sans fleurir) un système végétatif important et n'auront une floraison (abondante) qu'en automne. On rapporte que ces deux types d'individus peuvent différer au point qu'il est arrivé parfois qu'ils soient considérés comme appartenant à des espèces ou même à des genres différents, au moment où s'élaborait la classification systématique des végétaux.

Par rapport à ces plantes « de jours courts » (répondant à des nuits suffisamment longues), les plantes « de jours longs » (comme les moutarde, pavot, seigle) présentent des comportements un peu analogues, sauf qu'elles répondent à l'inverse à des nuits suffisamment courtes (cf. encadré).

À LA RECHERCHE D'*ASPERUGO PROCUMBENS*

Il existe bien des espèces de plantes que peu de gens reconnaîtraient s'il leur arrivait d'en voir, éventualité d'autant moins probable que cette espèce est peu commune.

Du temps où j'étais assistant au laboratoire de Physiologie végétale de la Sorbonne, mon patron, le professeur et remarquable botaniste Pierre Chouard, emmena un été plusieurs de ses collaborateurs, dont j'étais, pour une excursion studieuse dans les Pyrénées. Non seulement il connaissait par leur nom toutes les plantes que nous rencontrions, y compris les moins fréquentes, mais il nous racontait leur évolution, leur écologie, les traits particuliers de leur physiologie et toute une quantité de détails qui leur étaient caractéristiques. Un matin, il nous conduisit vers un rocher, et nous demanda d'examiner ce qui poussait dessous. Nous n'y vîmes qu'un fouillis de tiges, la plupart rampantes et quelques unes dressées, qui portaient des feuilles plus ou moins elliptiques à l'aspect rugueux ainsi que de toutes petites fleurs bleues — *a priori* rien de bien extraordinaire. Il finit par nous apprendre que c'était là l'un des rares sites dans les Pyrénées où poussait spontanément l'*Asperugo procumbens*, plante remarquable par son caractère « héméropériodique absolu ». On entend par là qu'elle ne peut monter à fleurs qu'après avoir connu des journées où la période d'éclairement est suffisamment longue. C'est la raison pour laquelle on ne la trouve en fleurs dans la nature que pendant quelques mois encadrant le solstice d'été (disons de mai à août). Nous nous contentâmes de faire quelques photos, sans prélever le moindre échantillon, de façon à ne pas risquer de détériorer le site.

Les protagonistes de cette aventure sont déjà morts pour la plupart, ou trop vieux pour avoir l'idée de repartir en montagne. *Asperugo*, sans doute, se trouve toujours sous son rocher, tel un de ces trésors de pirate dont plus personne aujourd'hui ne connaît la cache.

Sur Terre, mais pas comme au ciel

Sur la Terre, les parties aériennes d'une plante tendent spontanément à pousser vers le haut et les racines vers le bas. À tel point que si l'on dispose une jeune plante horizontalement (fig. 2.2a), tige et racine s'incurvent de façon à reprendre leur croissance respectivement vers le haut et vers le bas. Diverses expériences permettent de s'assurer que ce comportement est une réponse des plantes à la gravitation. Elles consistent à étudier l'incidence, sur la croissance des parties aériennes et de la racine d'une plante, soit d'une annulation de l'effet de la pesanteur soit, au contraire, de l'introduction d'une pesanteur artificielle par l'application d'une force centrifuge.

Une façon coûteuse, mais démonstrative, de s'abstraire de l'effet de la gravitation consiste à expérimenter en apesanteur, à l'intérieur d'un satellite artificiel. Quelle que soit la direction dans laquelle on a disposé de jeunes plantes en début d'expérience, elles continuent à pousser dans cette direction sans manifester de tendance à s'incurver.

Si l'on n'a pas le moyen d'utiliser un satellite artificiel, on peut aussi travailler sur Terre en disposant de jeunes plantes perpendiculairement au plan d'une roue verticale qui tourne plus ou moins vite. Comme la gravitation agit alors sur les plantes successivement dans toutes les directions, son effet résultant est nul. Lorsque la roue tourne suffisamment lentement pour ne générer aucune force centrifuge significative, ces plantes (qui ne sont alors soumises à aucune force) continuent à pousser dans la direction qu'on leur a donnée au départ, comme elles le feraient en apesanteur (fig. 2.2b).

Faisons maintenant tourner la roue rapidement. L'effet de la gravitation reste négligeable, mais la force centrifuge génère une sorte de gravitation artificielle et les plantes poussent en s'incurvant de façon que la racine s'oriente dans le sens de la force centrifuge et les parties aériennes dans le sens opposé (fig. 2.2c).

Compliquons l'expérience en disposant les plantes verticalement sur une roue, horizontale cette fois-ci, animée d'un mouvement suffisamment rapide pour que l'effet de la force centrifuge ne soit pas négligeable. Les plantes s'incurvent alors de façon que parties aériennes et racines prennent l'orientation de la résultante de la gravitation et de la force centrifuge, les racines poussant dans le sens de cette résultante et les parties aériennes dans le sens opposé (fig. 2.2d).

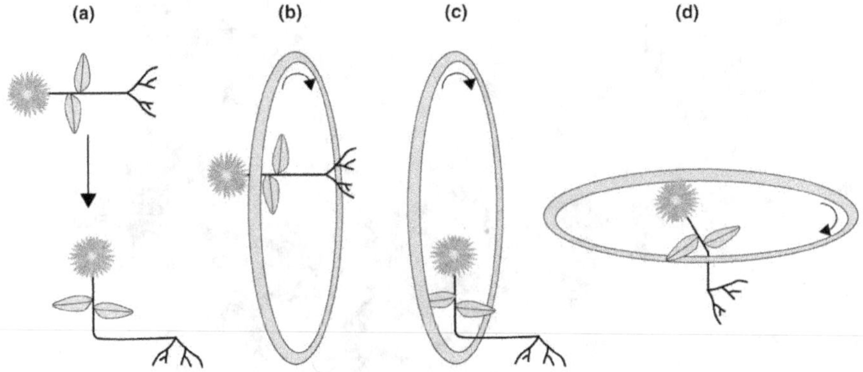

FIGURE 2.2 ▪ **Effet de la gravitation et de la force centrifuge.**

(a) Une plante qu'on couche horizontalement (en s'arrangeant pour que la racine ne se dessèche pas) réoriente ses parties aériennes vers le haut et ses racines vers le bas. **(b)** Une plante installée horizontalement et perpendiculairement au plan d'une roue disposée verticalement, qui tourne très lentement (pour que la force centrifuge reste négligeable) conserve son orientation ; en effet, au cours de la rotation de la roue, la gravité agit successivement dans toutes les directions, et son effet résultant est donc nul. **(c)** Si la roue tourne vite, l'effet de la gravité reste négligeable, mais la plante réoriente sa croissance, les racines poussant dans le sens de la force centrifuge et les parties aériennes dans le sens opposé. **(d)** Si la plante est installée verticalement et perpendiculairement au plan d'une roue disposée horizontalement qui tourne à vitesse moyenne, elle oriente sa croissance selon la résultante de la gravité et de la force centrifuge (les racines dans le sens de la gravité et de la force centrifuge, et les parties aériennes dans le sens opposé).

Si près, si loin

La bryone (*Bryonia dioica*) est une Cucurbitacée dioïque. C'est une plante grimpante aux longues tiges grêles qui s'accrochent et s'enchevêtrent aux buissons (fig. 2.3). Elle est commune dans les haies de nos régions et porte des fruits, rouge vif à maturité, de la taille de grains de groseille, assez décoratifs mais vénéneux. La tige s'accroît à partir d'un bourgeon terminal formant des entre-nœuds successifs, porteurs de feuilles alternes à limbe plus ou moins découpé. L'entre-nœud terminal, nouvellement formé, s'allonge rapidement pendant qu'un nouvel entre-nœud se forme puis s'allonge, et ainsi de suite pendant toute la croissance de la plante. Il est facile d'observer cette croissance en cultivant de jeunes pieds de bryone à l'abri de toute sollicitation par le vent, la pluie, un contact ou quelque autre stimulus. Ces plantes vierges de toute stimulation sont dites « plantes témoin ». Mais si l'on stimule une jeune bryone en caressant une dizaine de fois son entre-nœud terminal au début de sa période d'allongement (par exemple, à l'aide d'un pinceau d'aquarelliste), on constate qu'en fin de croissance l'entre-nœud stimulé est nettement plus court et plus épais que celui qui lui correspond sur les plantes témoin et que son équipement en un groupe d'enzymes[7] particulières, appelées « peroxydases », est également modifié par rapport à celui des témoins (Boyer *et al.*, 1979). En revanche, la croissance des entre-nœuds qui suivent l'entre-nœud stimulé n'est pas sensiblement modifiée, pas plus que l'équipement en peroxydases des entre-nœuds précédents et suivants. C'est un exemple typique de réponse terminale locale : seul l'entre-nœud stimulé a son métabolisme et sa croissance affectés.

FIGURE 2.3 ■ **Pied femelle de bryone dioïque. Photo : Marie-Claire Verdus.**

Toutefois, comme a pu le mettre en évidence pour la première fois, Roger Cautheret (1935), qui fut par ailleurs le célèbre créateur de la culture des tissus végétaux, une réponse terminale peut se produire également à distance de la zone stimulée. L'expérience a consisté à disposer une jeune plante (de blé, par exemple) de façon que sa racine repose sur une lame de verre porteuse d'un peu d'eau (pour éviter son dessèchement) et à observer (à l'aide d'un microscope ou d'une loupe binoculaire équipés d'un micromètre) le déroulement dans le temps de la croissance de la pointe de la racine. Pour cela, Gautheret mesurait et notait le temps mis par cette pointe pour parcourir chacune des divisions successives du micromètre. À un instant donné, il pinçait ou coupait la racine à 1 cm de distance de la pointe, tout en continuant de mesurer la vitesse de croissance de cette dernière. Il constatait que, peu après le stimulus de pincement ou coupure, la vitesse de croissance de la pointe changeait brusquement. Ainsi, ces stimulus provoquaient une modification de la croissance de la racine à 1 cm de distance.

7. Une enzyme est une protéine qui contrôle une réaction telle que la transformation d'une substance en une autre substance. Par exemple, les peroxydes étant des molécules particulièrement oxydantes, les peroxydases sont des enzymes qui contrôlent l'oxydation de diverses substances par les peroxydes. Les enzymes sont en général très spécifiques. C'est-à-dire qu'elles ne contrôlent qu'un seul type de réaction sur un seul type de substance. C'est ainsi qu'il existe plusieurs types de peroxydases, chacune contrôlant l'oxydation par un peroxyde d'une substance particulière.

Depuis, bien d'autres expériences ont confirmé l'existence de réponses à distance. Par exemple, lorsqu'Eric Davies et Anne Schuster (1981) eurent infligé des excisions, abrasions ou piqûres à de jeunes plants de pois, ils constatèrent que ces derniers y répondaient rapidement, jusqu'à 15 cm de la zone lésée, par la mise en place de systèmes de biosynthèse de protéines[8].

« Ne-me-mangez-pas ! »

Un certain nombre de plantes répondent à l'attaque d'un herbivore (insecte, mollusque ou mammifère) sur une ou quelques unes de leurs feuilles, par la biosynthèse, dans tout leur feuillage, de molécules (telles que des alcaloïdes, des tanins) toxiques pour ces prédateurs, ce qui décourage ceux-ci de continuer à les consommer. Notons au passage qu'on a là un remarquable exemple d'adaptation à double bénéfice : l'herbivore peut se nourrir de la plante ; mais il ne peut pas le faire jusqu'à destruction complète de cette dernière (puisqu'elle devient de plus en plus toxique, donc de plus en plus dissuasive, au fur et à mesure qu'il la broute) ; réciproquement, cette plante peut faire l'économie de s'équiper de molécules de défense tant qu'aucun herbivore ne commence à la mettre en danger.

Plus spectaculaire encore dans les réponses de défense des végétaux : certaines plantes attaquées par un herbivore s'en défendraient en émettant des phéromones[9] qui attirent un parasite de leur agresseur. Les plantes auraient donc utilisé bien avant nous la lutte biologique !

Il semble même que certaines plantes soient capables « d'avertir » d'autres plantes, situées jusqu'à plusieurs dizaines de mètres, qu'un danger va les menacer ! L'histoire se passe dans le

FIGURE 2.4 ■ *Kaligonum.*

C'est un genre d'arbuste qui pousse sur le grand erg saharien. Cette plante possède un double système racinaire : une racine pivotante qui s'enfonce profondément dans le sol pour y trouver de l'eau, et des racines superficielles qui récupèrent l'eau de condensation du matin.

---

8. Il s'agissait de l'arrangement de ribosomes en polysomes (cf. annexe 2, p. 94).

9. Les phéromones sont des substances volatiles pouvant provoquer des modifications du comportement des animaux et des végétaux qui y sont sensibles.

FIGURE 2.5 ■ **Troupeaux de dromadaires dans le désert.**

Ces petits troupeaux errent apparemment librement dans le désert et menacent les rares végétaux qui parviennent à y pousser.

désert, lequel est loin d'être un milieu totalement dépourvu de vie comme on le croit parfois. Quelques espèces végétales parviennent à y pousser, jusque sur le grand erg saharien (fig. 2.4). Des animaux y vivent également, souvent très discrets. Mais on y rencontre aussi des hardes d'antilopes ou de petits groupes de dromadaires (fig. 2.5) qui se nourrissent des herbes et de rares buissons poussant çà et là. Quand les herbivores commencent à brouter l'un de ces buissons, on rapporte que non seulement celui-ci se met à synthétiser des substances toxiques mais qu'il se met aussi à sécréter des substances volatiles (telles que éthylène, phéromones) déclenchant la biosynthèse de toxiques par les buissons voisins avant même que ceux-ci ne soient attaqués. On trouve dans la littérature bien d'autres histoires du même genre. Certaines ont été contestées. Mais des expériences de laboratoire, faites dans des conditions de fiabilité qui paraissent incontestables, autorisent à penser qu'il existe vraiment des possibilités de communication de plante à plante par l'intermédiaire de substances volatiles (Karban *et al.*, 2000 ; Karban & Baldwin, 1997).

Quand la plante s'anime

Lorsque la perception d'un stimulus par une plante provoque un mouvement, là encore le mouvement peut se produire au niveau de la zone stimulée ou à plus ou moins grande distance, comme nous allons le voir chez la dionée et la sensitive, respectivement.

La dionée (*Dionaea muscipula*) est une plante carnivore de l'Est des États-Unis, assez rare, aux feuilles disposées en une rosette d'une dizaine de centimètres de diamètre, et qui pousse spontanément dans les marais acides et les tourbières. Ce sont des milieux généralement pauvres en nitrate, et la dionée compense le déficit de sa nutrition azotée en capturant et en digérant de petits insectes ; d'où son appellation de « dionée attrape-mouche ». À l'extrémité des feuilles, se trouvent deux lobes, aux bords garnis de sortes de longs cils assez rigides, de part et d'autre de la nervure centrale (fig. 2.6). Ces lobes constituent le piège. Lorsqu'une mouche vient s'y poser, les lobes se referment (emprisonnant ainsi l'insecte dans la cage que constituent leurs cils) ; leur surface interne sécrète des enzymes qui hydrolysent les protéines de la proie en acides aminés et oligopeptides (enchaînements courts d'acides aminés) ; et ils absorbent enfin ces composés azotés par des mécanismes classiques d'absorption cellulaire. Nous avons là un cas où un mouvement (fermeture des lobes) et une réaction métabolique (sécrétion d'enzymes digestives) constituent une réponse locale au stimulus de contact de l'insecte (cf. aussi encadré).

FIGURE 2.6 ▪ **Dionée attrape-mouche. Photo : Jeanine Rens.**

La dionée fait la fine bouche

Les pièges de la dionée sont spectaculaires, mais le détail de leur fonctionnement (capture et digestion) est encore plus stupéfiant et vaut la peine qu'on en dise quelques mots.

Il y a deux niveaux de discrimination permettant que le piège ne capture que ce qui constitue véritablement une proie pour la plante :

1. Trois poils à l'intérieur de chacun des deux lobes du piège jouent un rôle de véritable gâchette. La fermeture ne se déclenche que si deux poils sont touchés l'un après l'autre, ou si l'un des poils est touché deux fois de suite, et cela dans un délai de quelques dizaines de secondes. Il est peu probable que cela se produise lorsqu'un objet inerte (un petit gravier, par exemple) est tombé par hasard dans le piège ; en revanche, en s'agitant, un insecte vivant a toutes chances de réaliser la double stimulation ;
2. Le piège se referme en deux temps. D'abord les cils qui bordent le piège s'entrecroisent, mais en laissant assez d'espace pour qu'une proie de toute petite taille parvienne à s'enfuir ; et c'est seulement si la proie est assez grosse pour rester captive que le piège se ferme complètement et que commence le processus de digestion.

Dans le cas où le piège s'est refermé sur quelque chose de peu « intéressant » (objet inerte ou petite proie qui s'est enfuie), il rouvre dans les 24 heures sans poursuivre le processus complet.

Pourquoi une telle sophistication dans la discrimination ? D'une part, c'est que la vie des pièges est limitée à trois captures/digestions en moyenne ; autant donc ne pas gaspiller les pièges à les refermer sur n'importe quoi. D'autre part, la digestion se produit sur une dizaine de jours en moyenne. C'est donc un processus long et coûteux en énergie. Il serait contre-productif de faire fonctionner pour rien tout ce processus...

La sensitive (*Mimosa pudica*) est une plante herbacée fréquente à l'état naturel dans les pays tropicaux, et que l'on parvient assez facilement à cultiver sous nos latitudes. La tige, grêle, porte des feuilles alternes. Ces feuilles sont faites d'un pétiole primaire qui se divise en quatre pétioles secondaires, dont chacun porte une série de folioles au bout de pétioles tertiaires (fig. 2.7). Lorsque la plante est soumise à une irritation, elle y répond par des mouvements foliaires. L'application d'un léger stimulus, tel qu'un simple contact, provoque l'abaissement de la foliole stimulée et de quelques folioles voisines le long du pétiole secondaire qui les porte ; des stimulus de plus en plus vigoureux se traduisent par l'abaissement de toutes les folioles de ce pétiole secondaire, puis par l'abaissement de ce pétiole secondaire lui-même, par l'abaissement des quatre pétioles secondaires de la feuille et par l'abaissement du pétiole primaire et de toute la feuille ; enfin, les stimulus les plus traumatisants (par exemple, la brûlure d'une foliole) peuvent entraîner l'abaissement de plusieurs feuilles. Au bout de quelque temps, les feuilles reprennent leur position initiale. Dans chacun de ces cas, on voit se propager le mouvement de la zone stimulée à des zones plus lointaines, ce qui revient à voir véritablement se propager dans la plante l'information particulière induite par le stimulus.

FIGURE 2.7 ■ **Sensitive. Photo : Jeanine Rens.**

Les mécanismes moteurs d'éventuels mouvements sont assez complexes. Chez la sensitive, on observe qu'il existe des renflements (dits pulvinus) à la base des pétioles primaires, secondaires et tertiaires. Les pulvinus sont formés d'un amas de cellules capables de modifier leur gonflement (on dit leur turgescence) en faisant varier (par réactions ou par transport) la concentration de solutés dans leur milieu intérieur (spécialement dans leur vacuole). Ces modifications de turgescence provoquent une déformation du pulvinus qui entraîne le mouvement du pétiole correspondant.

Comment les plantes perçoivent-elles les stimulus ?

Les plantes ne possèdent pas d'organes des sens analogues à nos oreilles, nos yeux, notre nez, etc. On peut se demander par quel moyen elles perçoivent les stimulus auxquels elles sont sensibles.

Quand les plantes voient rouge

La sensibilité des plantes aux stimulus lumineux est due à la présence de pigments. Le rôle de l'un de ces pigments, le phytochrome, a fait l'objet d'études particulièrement approfondies. Le phytochrome est une chromoprotéine[10] qui joue un rôle majeur dans la sensibilité des plantes à la durée relative du jour et de la nuit. Pour comprendre son mécanisme d'intervention, il nous faut cependant commencer par une brève digression sur la nature de la lumière.

La lumière la plus familière est tout simplement celle du jour. Elle nous apparaît homogène et « blanche ». On entend par là qu'elle ne présente aucune couleur particulière. Pourtant, ceux qui ont eu l'occasion de la voir passer par un prisme, ainsi que ceux qui ont vu un arc-en-ciel, savent que la lumière du jour peut se décomposer en une série de lumières colorées. On dit qu'il s'agit du spectre de la lumière visible, ou, tout simplement, du spectre visible, où l'on distingue classiquement la séquence « violet-indigo-bleu-vert-jaune-orangé-rouge ». Cette séquence toutefois n'est qu'une approximation ; il n'existe pas de frontières nettes entre des couleurs bien définies ; par exemple, on passe d'un bleu presque vert à un vert presque bleu puis progressivement à un vert très jaune et ainsi de suite. Disons-le autrement : la lumière blanche est la somme d'une infinité de lumières colorées dont chacune est extrêmement proche de celle qui la précède et de celle qui la suit. Chacune de cette infinité de lumières colorées est dite « monochromatique » (c'est-à-dire d'une seule couleur).

Revenons au phytochrome. En conditions de laboratoire, on peut éclairer les plantes avec l'une ou l'autre de deux lumières monochromatiques rouges : une, dite « rouge clair », proche de l'orangé, et l'autre dite « rouge sombre », proche de l'infrarouge (à l'extrémité du spectre visible). Selon que l'on éclaire les plantes en l'un ou l'autre de ces rouges, le phytochrome qu'elles contiennent évolue entre deux formes que les chimistes disent isomères[11] et que nous appellerons « phytochrome 1 » (avec le rouge clair) et « phytochrome 2 » (avec le rouge sombre). Lorsque le phytochrome d'une lampourde de Pennsylvanie est sous la forme phytochrome 2, la plante s'engage dans l'enchaînement de processus qui conduit à sa floraison.

En conditions d'éclairement naturel (c'est-à-dire à la lumière du jour), les choses se compliquent car les deux formes de phytochrome sont alors simultanément présentes et qu'en plus phytochrome 1 et phytochrome 2 sont en permanence dégradés et resynthétisés, mais à des vitesses différentes ! Au total, c'est lorsque la période d'obscurité journalière est d'au moins 9 heures que les teneurs relatives en phytochrome 2 et phytochrome 1 atteignent un état stationnaire tel que la teneur en phytochrome 2 soit suffisante pour permettre à la lampourde de Pennsylvanie de monter à fleurs.

De « petits poids » internes ?

Comme le stimulus de gravitation et/ou celui provoqué par une autre force (telle que la force centrifuge) s'exercent sur l'ensemble de la plante, il est impossible de les focaliser sur telle ou telle zone spécifique pour en étudier le site percepteur éventuel.

10. Une chromoprotéine est une molécule formée d'une partie protéique accompagnée d'une partie colorée non protéique.

11. Deux molécules sont dites isomères lorsqu'elles sont faites des mêmes atomes, ces atomes étant arrangés différemment. Par exemple, les molécules CH_3CH_2CHO et CH_3COCH_3 sont isomères : elles sont constituées l'une et l'autre de trois atomes de carbone, six atomes d'hydrogène et un atome d'oxygène ; mais ces atomes sont arrangés de façon telle que la première molécule est un aldéhyde et la seconde une cétone.

Il semble cependant que la zone perceptrice, pour la racine comme pour les parties aériennes, soit à l'extrémité de ces organes. En effet, pour un organe donné, l'ablation de la partie terminale supprime la sensibilité à la gravitation. Or il existe, dans la pointe des racines ou un peu au-dessous de la pointe dans les tiges, des cellules (dites statocytes) contenant de petits corpuscules riches en amidon, dits statolithes ; et ces statolithes tendent à sédimenter (se déposer) dans le sens de la gravitation lorsque cette dernière entre seule en jeu, ou dans le sens de la résultante de la gravitation et de la force centrifuge lorsque l'on combine les effets de ces deux forces.

Une interprétation classique est que l'interaction des statolithes avec la partie de la membrane cellulaire sur laquelle ils sédimentent active des protéines membranaires, et que cette activation rend dissymétrique la distribution de l'auxine (qui est une hormone végétale). Ceci entraîne finalement l'orientation de la croissance des organes aériens vers le haut et celle des organes souterrains vers le bas. Certaines observations s'accordent bien avec cette interprétation. En particulier, les tiges de mutants dépourvus de statocytes sont incapables de se redresser et deviennent rampantes sur le sol[12]. Cependant, d'autres données expérimentales ne s'accordent pas aussi bien, ce qui peut signifier que cette interprétation est encore incomplète.

Des questions, encore beaucoup de questions

On a vu que des substances gazeuses étaient impliquées dans les signalisations de plante à plante. L'éthylène en fait partie mais ce n'est en fait qu'un cas particulier de ses effets : ce gaz est connu pour intervenir sur une quantité de processus physiologiques végétaux (germination, sénescence des tissus, maturation des fruits, chute des feuilles, etc.). Il semble, au moins dans certains cas, qu'il interagisse avec diverses hormones végétales, dont l'auxine dont il a été fait mention ci-dessus, et qu'il puisse réorienter par ce biais le métabolisme des végétaux.

De façon générale, la sensibilité à une substance signal (hormonale ou autre) passe par la liaison de cette substance à un récepteur, c'est-à-dire à une protéine capable de reconnaître spécifiquement la substance signal en question. Ces récepteurs sont localisés sur la membrane plasmique des cellules que la substance signal considérée va faire réagir (ce sont les cellules cibles). Le complexe « récepteur - substance signal » enclenche la série de processus conduisant à la réponse finale de la plante.

Pour nombre d'autres stimulus auxquels les plantes sont sensibles, les étapes initiales de la perception ne sont pas exactement connues. Mais il est raisonnable de penser que la perception d'un stimulus mécanique passe par des modifications de tensions membranaires, celle d'un choc thermique par des changements de la vitesse de fonctionnement de divers processus métaboliques et celle d'un stress de sécheresse par une modification de la viscosité du milieu cellulaire.

On verra plus loin que le simple dépôt d'une gouttelette de solutions de diverses substances peut avoir un effet semblable à celui d'un stimulus de piqûres (c'est-à-dire d'une petite blessure) ; cela pourrait signifier que ces substances jouent un rôle dans la perception des blessures.

12. Ulrich Lüttge, com. pers.

De la perception d'un stimulus à la réponse finale

Les vagues de calcium

Entre la perception d'un stimulus et la réponse de la plante à ce stimulus, il se produit un enchaînement de réactions et de processus dont les étapes sont encore loin d'être toutes parfaitement connues.

Cela dit, l'une de ces étapes a fait l'objet d'études approfondies. Elle intervient peu après la perception de stimulus nombreux et divers (tout particulièrement des stimulus abiotiques, c.-à-d. non causés par un être vivant, tels qu'un contact, un coup de vent, un choc de froid, un stress de dessiccation, etc.). Elle consiste en la formation d'une véritable « vague de calcium » (Trewavas, 1999), c'est-à-dire d'une augmentation brutale et transitoire de la concentration du calcium libre[13], qui va survenir dans le cytosol des cellules impliquées dans la perception du stimulus.

En dehors de tout stimulus, la concentration du calcium libre dans le cytosol est très faible, de l'ordre du microgramme par litre (1 microgramme = un millionième de gramme), alors qu'elle peut être jusqu'à plus de 100 000 fois plus élevée dans la solution nutritive[14] des plantes ainsi que dans les vacuoles et les mitochondries. La perception du stimulus entraîne la mise en communication du cytosol avec ces pools intracellulaires et avec l'extérieur, causant ainsi l'invasion du cytosol par le calcium ; puis la communication s'interrompt et de véritables « pompes moléculaires » font revenir les cellules à l'état initial en faisant repasser le calcium du cytosol vers l'extérieur et les pools internes.

La manière dont une équipe d'outre-Manche a étudié l'invasion transitoire du cytosol par le calcium suite à la perception d'un stimulus est élégante et vaut d'être contée (Knight *et al.*, 1991).

Une grande diversité d'êtres vivants appartenant à des groupes souvent éloignés les uns des autres dans la classification systématique (micro-organismes, insectes, mollusques, poissons, etc.) sont bioluminescents, c'est-à-dire qu'ils ont la propriété d'émettre de la lumière. C'est par exemple le cas de la femelle du ver luisant (lampyre) et aussi d'*Aequorea victoria*, une méduse bioluminescente chez laquelle une protéine (æquorine) contrôle, en présence de calcium, la transformation en lumière d'une partie de l'énergie métabolique dont dispose la méduse.

L'équipe britannique parvint à greffer le gène de l'æquorine dans le génome de quelques plantes (dont l'arabette [*Arabidopsis thaliana*], le matériel expérimental préféré des biologistes végétaux) et à faire s'exprimer le gène greffé. Elle obtint ainsi des OGM végétaux[15] qui

13. Le calcium peut se trouver sous trois formes différentes dans les milieux cellulaires : le calcium *libre* qui diffuse sans contrainte, le calcium *fixé* qui est chimiquement lié à diverses molécules telles que des protéines, et le calcium *condensé* qui reste mobile le long des assemblages moléculaires à une dimension (dits « assemblages 1D ») et à densité de charges électriques négatives suffisamment élevée, mais sans pouvoir s'écarter de ces assemblages, même à dilution infinie (pour plus de détail, cf. annexe 3, p. 98).

14. Dans la nature, les plantes poussent habituellement sur de la terre ; mais, pour les expériences, il est souvent plus commode de les faire pousser sur une solution de sels minéraux de composition connue, dite solution nutritive ou milieu nutritif.

15. Pour l'expression du génome et la définition des OGM (organismes génétiquement modifiés), voir annexe 2, p. 97.

possédaient la protéine æquorine dans le cytosol de leurs cellules, lequel avait ainsi la capacité d'émettre de la lumière s'il contenait suffisamment de calcium. En l'absence de stimulus, la concentration du calcium dans le cytosol était trop faible pour déclencher l'émission de lumière ; mais lorsque les plantes percevaient un stimulus, un flash lumineux révélait l'invasion du cytosol par le calcium, et les caractéristiques de ce flash (intensité, durée) permettaient d'estimer les caractéristiques correspondantes de la vague de calcium.

L'utilisation de cette méthode permit de constater que d'une part l'amplitude et la durée de l'élévation transitoire du calcium cytosolique dépendaient du type de stimulus qu'avait perçu la plante (simple contact, choc de froid ou autre) et que d'autre part cette vague de calcium pouvait jouer (par l'intermédiaire de protéines enzymatiques qui ne sont actives qu'en présence de calcium) un rôle de déclencheur d'une série de processus cellulaires, tels que l'ouverture de canaux ioniques membranaires, des modifications de protéines déjà présentes et un changement de l'expression de certains gènes (apparition de protéines nouvelles ou disparition de protéines antérieurement existantes).

Tout cela suggère que l'élévation transitoire du calcium cytosolique pourrait jouer un rôle d'aiguillage orientant la plante vers un type de réponse appropriée au stimulus initialement perçu (Dolmetsch *et al.*, 1997 ; McAinsh & Hetherington, 1998 ; Knight *et al.*, 1998).

Contrôles de vitesse et migration de l'information

Dans tous les cas de réponse à distance à l'intérieur même d'une plante, il faut bien qu'une information ait migré de la zone stimulée à la zone réactive.

Dans l'expérience de Gautheret, on peut proposer d'estimer la vitesse de cette migration d'information, en prenant la distance de la zone stimulée à la zone réactive et en la divisant par l'intervalle de temps qui sépare la stimulation de la réaction. Certes, cette façon de faire peut sous-estimer la vitesse de migration de l'information. En effet, l'intervalle de temps entre stimulation et réaction correspond non seulement au temps de migration de l'information mais aussi au temps (qui n'est pas forcément négligeable) nécessaire à la réalisation d'étapes intermédiaires (changement de fluidité membranaire, biosynthèse de protéines par exemple) entre l'arrivée du signal à la pointe de la racine et la réponse de croissance de cette dernière. Mais, même si la méthode qui vient d'être décrite ne mesure pas rigoureusement la vitesse de migration de l'information, elle en donne à tout le moins une borne inférieure. Tous calculs faits, on a trouvé pour l'expérience de Gautheret que cette borne inférieure de la vitesse de migration de l'information était de l'ordre de un à quelques dixièmes de millimètre par seconde.

La façon dont se fait la migration de l'information a été l'objet d'intenses recherches et de controverses, sur lesquelles nous n'insisterons pas. Disons simplement que fut invoquée l'intervention de mécanismes aussi divers que l'entraînement d'une molécule signal dans le flux de sève, la propagation d'une onde de pression hydraulique ou la propagation d'une onde de dépolarisation électrique. Il se peut d'ailleurs que, selon la plante et/ou le stimulus étudiés, il y ait des cas où plusieurs de ces mécanismes soient mis en jeu simultanément, et d'autres où ce soit tantôt l'un et tantôt un autre de ces mécanismes qui soit impliqué.

Dans le contrôle du mouvement de fermeture des feuilles de dionée ainsi que dans la propagation de l'information de mouvement chez la sensitive, les spécialistes privilégient l'intervention d'un processus de nature électrique. Dans ces deux cas, la vitesse de propagation de l'information a été estimée de un à quelques millimètres par seconde. C'est plus rapide que la valeur qui vient d'être calculée pour l'expérience de Gautheret. C'est peut-être que le temps nécessaire à la réalisation d'étapes intermédiaires entre l'arrivée du signal dans la zone réactive et la réponse terminale est plus court quand cette réponse terminale est un mouvement, que lorsqu'il s'agit d'une modification du métabolisme et/ou de la croissance. Si tel est bien le cas, les réponses de mouvement permettraient une meilleure estimation de la vitesse du transfert d'information chez les plantes que les réponses métaboliques ou de croissance.

De la sensibilité des végétaux à quelques applications pratiques

La connaissance de la sensibilité des végétaux à divers types de stimulus a déjà trouvé quelques applications pratiques. Par exemple, la variété de tabac 'Maryland Mammoth' est une plante qui ne fleurit que lorsque la période d'obscurité journalière est d'au moins 10 à 11 heures. En imposant des périodes d'obscurité journalière inférieures à 10 heures (ou en coupant des nuits plus longues par de brèves périodes d'éclairement), on maintient les plantes à l'état végétatif ; et cela augmente la production de feuilles, ce qui est commercialement avantageux.

Il existe également quelques applications des réponses des plantes à des stimulations mécaniques. On raconte qu'aux Indes il y eut un temps où les cultivateurs se livraient à un étrange cérémonial, au cours duquel ils fouettaient les cotonniers en croissance. Bien que l'auteur n'en ait pas trouvé de confirmation écrite, cela ne prouve pas que l'anecdote ne soit pas véridique. Il se peut, en effet, que le stimulus que représentait la flagellation ait entraîné une réponse finale de ramification des arbustes, laquelle se traduisait par une augmentation de la récolte de coton.

Au cours des années 1970, plusieurs groupes aux USA mirent au point des dispositifs de stimulation mécanique permettant d'éviter un allongement excessif des tiges de végétaux cultivés en serre (Hammer *et al.*, 1974 ; Beyl & Mitchell, 1977 ; Wheeler & Salisbury, 1979). Par exemple, il était commercialement important que les tiges de chrysanthèmes (ou d'autres fleurs) ne soient pas trop grandes, à la fois pour des raisons esthétiques et pour limiter le risque que ces tiges ne se plient sous le poids des fleurs. Il a suffi de placer les pots contenant les plantes en cours de croissance sur des plateaux agitateurs, et de régler soigneusement la fréquence d'agitation et la durée du traitement, pour obtenir des chrysanthèmes de taille optimale. De même, en soumettant des plants de tomates à une agitation régulière ou à des aspersions d'eau suffisamment énergiques, il fut possible de réduire la taille des tiges et donc d'améliorer la résistance et la vigueur des plantes. Tout ceci, bien sûr, sans la moindre manipulation génétique ni l'utilisation de produits chimiques !

Chapitre 3

LE *MEMORANDUM* D'UNE RECHERCHE

Une étude des corrélations entre organes chez la plante

Tout est parti de l'étude des corrélations entre organes chez les végétaux. On ne saurait rappeler ces travaux sans évoquer la mémoire de Marie-Odile Desbiez, disparue prématurément au début de l'année 1995. À l'université de Clermont, dans le laboratoire associé au CNRS du professeur Paul Champagnat, elle animait une équipe contribuant à l'étude du réseau complexe d'interactions qui fait que la croissance et le métabolisme de chaque organe d'une plante sont influencés par ce qui se passe dans les autres organes. La plante favorite de Marie-Odile Desbiez était la bident (en latin *Bidens pilosus*, féminisé depuis en *Bidens pilosa*), dont le nom de genre provient de ce que la graine s'orne de deux longues pointes (ou dents). On peut estimer que le nombre total de plants de bident qu'elle traita et observa, un à un, au cours de sa vie est proche d'un million et demi !

Dominants et dominés chez les bourgeons

On sait qu'il s'établit fréquemment des hiérarchies dans certains groupes d'animaux supérieurs (un simple troupeau de vaches, par exemple), avec des individus dominants et d'autres dominés. Toutes proportions gardées, nous allons voir qu'il existe des comportements un peu analogues entre les bourgeons d'une même plante. Mais n'anticipons pas, et commençons par rappeler une observation familière à tout jardinier.

En examinant une ramille au moment de la reprise de croissance au printemps, on voit qu'elle se termine par un bourgeon, le bourgeon terminal (ou apex), qui se développe activement en allongeant la ramille et en créant de nouvelles feuilles, alors que les autres bourgeons présents sur la ramille restent quiescents. Cela s'appelle la dominance apicale, ce qui signifie que le bourgeon terminal « domine » les bourgeons sous-jacents, qu'il bloque leur activité. De longs débats furent consacrés à discuter comment l'apex exerçait sa dominance. Ce pouvait être qu'il attirait à lui l'essentiel des nutriments disponibles, en privant par là même les autres bourgeons. Ce pouvait être aussi qu'il émettait des substances, hormonales ou autres, inhibant la croissance des autres bourgeons.

Quoi qu'il en soit, il suffisait de supprimer l'apex, en sectionnant l'extrémité de la ramille, pour qu'aussitôt les bourgeons sous-jacents (ou, du moins, certains d'entre eux) entrent en activité, finissant par créer de petites ramifications garnies de feuilles.

Mutilations et privations au service de « l'ascenseur social végétal »

Marie-Odile Desbiez commença par vérifier qu'on retrouvait un comportement analogue à celui de la ramille chez de jeunes plants de bident. À l'âge d'une à quelques semaines, ces plantes ont une structure semblable à celle des jeunes radis visibles à la figure 1.1, c'est-à-dire

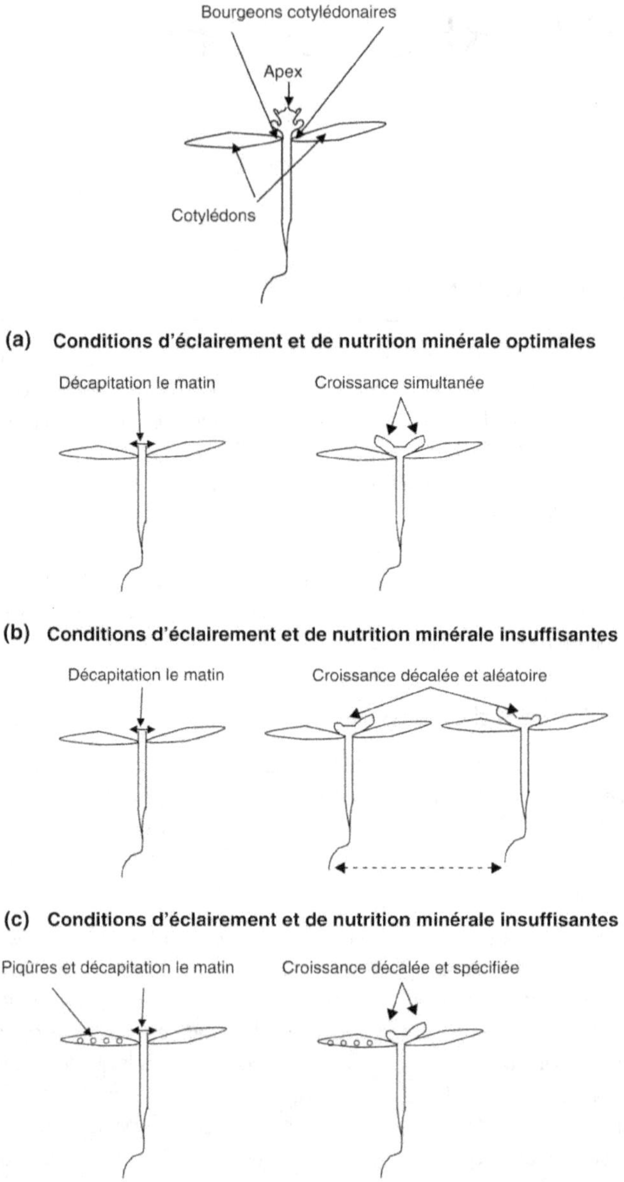

FIGURE 3.1 ■ **Dominance et levée de dominance de l'apex selon les conditions de culture et les stimulations.**

Le tout premier croquis (en haut) représente la situation de départ commune aux trois expériences a, b et c.

qu'ils sont faits d'un axe (racine, hypocotyle, apex), de deux cotylédons opposés et de deux bourgeons cotylédonaires (chacun à l'aisselle de chacun des cotylédons). Les bourgeons cotylédonaires, dominés par l'apex en croissance, restent normalement très petits et inactifs ; mais après résection de l'apex (ce que l'on appelle la « décapitation » des plantes), ils entrent immédiatement en croissance. Marie-Odile Desbiez opéra alors en une série de trois expériences.

Dans la première expérience (fig. 3.1a), elle utilisa des plants de bident âgés de 2 à 3 semaines et cultivés *en conditions optimales de lumière et de nutrition minérale.* Après qu'elle les eut décapités (1er croquis) le matin à la levée du jour – on verra plus loin que cette précision a son importance – les deux bourgeons cotylédonaires de chaque plante, jusque là dominés par l'apex et si petits qu'on ne pouvait pas les distinguer à l'œil nu, purent entrer en croissance. Ils le firent alors à peu près à la même vitesse : aucun des deux ne devint dominant sur l'autre (2e croquis).

Dans la deuxième expérience (fig. 3.1b), elle effectua les mêmes opérations, mais sur des plantes cultivées *sous un éclairement faible* et *avec une nutrition minérale insuffisante.* Comme dans le cas précédent, la décapitation des plantes (le matin, à la levée du jour, 1er croquis) permit aux bourgeons cotylédonaires d'entrer en croissance ; mais, cette fois, l'un des deux démarra sa croissance avant l'autre, c'est-à-dire qu'il devint dominant sur l'autre. Ainsi, dans les conditions défavorables utilisées, sitôt que la décapitation des plantes avait levé la dominance de l'apex sur les bourgeons cotylédonaires, il s'établissait une nouvelle relation de dominance, cette fois entre les bourgeons cotylédonaires eux-mêmes. Mais il était impossible de prévoir, sur chaque plante, lequel des deux bourgeons allait devenir dominant. Il revient au même de dire que chacun des deux bourgeons cotylédonaires avait des chances égales de devenir le bourgeon dominant (2e et 3e croquis).

Dans la troisième expérience (fig. 3.1c), elle opéra presque comme dans la deuxième, mais en faisant subir aux plantes un *stimulus dissymétrique* (quelques piqûres d'une aiguille de verre à pointe mousse administrées à un seul des deux cotylédons) *en même temps qu'elle décapitait ces plantes* (1er croquis). Les deux opérations, stimulation et décapitation, étaient encore effectuées le matin. L'un des bourgeons cotylédonaires de chaque plante démarra à nouveau sa croissance avant l'autre ; mais le bourgeon devenant dominant fut alors le plus souvent, disons dans 60 à 100 % des cas, celui à l'aisselle du cotylédon non stimulé (2e croquis).

Au total, dans les conditions expérimentales indiquées, l'administration aux plants de bident d'un stimulus dissymétrique (piqûre d'un seul des deux cotylédons) fait passer d'une situation où le devenir (dominant/dominé) des deux bourgeons cotylédonaires était indéterminé à une situation où il est spécifié (bourgeon dominant surtout du côté non stimulé). Nous dirons que l'administration du stimulus dissymétrique entraîne *la spécification de la dominance* entre bourgeons cotylédonaires.

Mesure de vitesse et voies de transmission

Le système qui vient d'être décrit se prête assez bien à l'évaluation de la vitesse de migration de l'information depuis le cotylédon stimulé jusqu'aux bourgeons cotylédonaires, ainsi qu'à l'utilisation de mesures électriques complémentaires.

Pour cela, de jeunes plants de bident furent à nouveau décapités en même temps qu'ils étaient soumis à une stimulation dissymétrique (quelques piqûres d'une aiguille mousse sur l'un des deux cotylédons de chaque plante), les conditions expérimentales étant les mêmes qu'à la figure 3.1 ; puis on procéda peu après à l'ablation symétrique des deux cotylédons[16]. Il apparut que les deux bourgeons cotylédonaires avaient des chances égales de devenir le bourgeon dominant lorsque l'intervalle de temps séparant la « décapitation/stimulation » et l'ablation des cotylédons était très court (quelques dizaines de secondes). En revanche, le bourgeon axillaire du cotylédon non stimulé devenait dominant dès que l'intervalle de temps devenait égal à 2 ou 3 minutes. On pouvait en déduire que l'information de spécification de la dominance, induite par l'administration de piqûres à un seul des deux cotylédons, avait besoin d'au moins 2 à 3 minutes pour atteindre les bourgeons cotylédonaires. La distance entre cette zone piquée et les bourgeons étant d'environ 1 à 3 cm, on trouvait que la vitesse de migration de l'information dans la plante était de l'ordre d'un à quelques dixièmes de millimètre par seconde. On notera que c'est une valeur cohérente avec celle trouvée dans le cas de l'expérience de Gautheret.

Par ailleurs, à l'aide d'électrodes, il était possible de détecter et d'étudier la propagation de signaux électriques[17]. Lorsque l'on soumettait l'un des cotylédons d'un jeune plant de bident à un stimulus d'une ou plusieurs piqûres, deux signaux électriques différents (dits potentiel d'action et onde lente) se propageaient à partir de la zone ainsi stimulée. La vitesse de propagation du potentiel d'action était trop grande pour correspondre à la vitesse de migration de l'information. En revanche, la vitesse de propagation de l'onde lente était du même ordre de grandeur que la vitesse de migration de l'information, telle qu'on l'avait évaluée plus haut ; de plus, l'amplitude de l'onde lente était plus élevée au niveau du bourgeon axillaire du cotylédon piqué qu'au niveau du bourgeon opposé. Sans être totalement probant, tout ceci faisait de l'onde lente un bon candidat au rôle de véhicule de la migration de l'information chez le jeune plant de bident (Frachisse *et al.*, 1985).

Découverte d'une mémoire végétale

La découverte de l'existence d'une mémoire (avec stockage et rappel d'une information) chez la bident fut le résultat d'un grand nombre d'expériences faites et interprétées dans le cadre d'une collaboration entre l'auteur et Marie-Odile Desbiez. On ne décrira ici qu'une seule série de ces expériences, lesquelles dérivent les unes des autres en modifiant à chaque fois l'une des conditions expérimentales.

Nous avons vu précédemment (fig. 3.1c) que si, dans des conditions expérimentales appropriées, on décapitait de jeunes plants de bident *en même temps* qu'on les soumettait à une stimulation dissymétrique (telle que l'administration de quelques piqûres à l'un des cotylédons), cela *spécifiait la dominance* entre ces bourgeons : c'était le bourgeon à l'aisselle du cotylédon non stimulé qui devenait dominant sur l'autre. Mais qu'allait-il se passer si l'on *retardait* la décapitation par rapport à l'application de la stimulation dissymétrique ?

16. Il pourrait sembler que l'ablation des cotylédons constitue un puissant stimulus, en mesure de perturber profondément l'expérience. En fait, il n'en est rien. En effet, ce qui importe lors d'une blessure, c'est le nombre de cellules lésées plutôt que la surface de tissu disparue. L'ablation bien nette des cotylédons à la lame de rasoir constitue un traumatisme, donc un stimulus, bien plus faible que l'écrasement des tissus que représente la piqûre des cotylédons avec une pointe mousse.

17. Par contraste avec les animaux, chez lesquels la propagation de signaux électriques se fait par l'intermédiaire des nerfs, chez les plantes, elle se fait au niveau de cellules libériennes, par des échanges d'ions d'ailleurs différents de ceux des neurones animaux.

Autre temps, même mœurs ! L'expérience commence à surprendre

L'expérience fut effectuée (fig. 3.2a) dans des conditions analogues à la dernière expérience, sauf qu'au lieu que les deux opérations, stimulation dissymétrique et décapitation, fussent faites simultanément, elles furent espacées de deux jours (1er et 2e croquis). Or, le résultat fut exactement le même : lorsque les bourgeons cotylédonaires entrèrent en croissance,

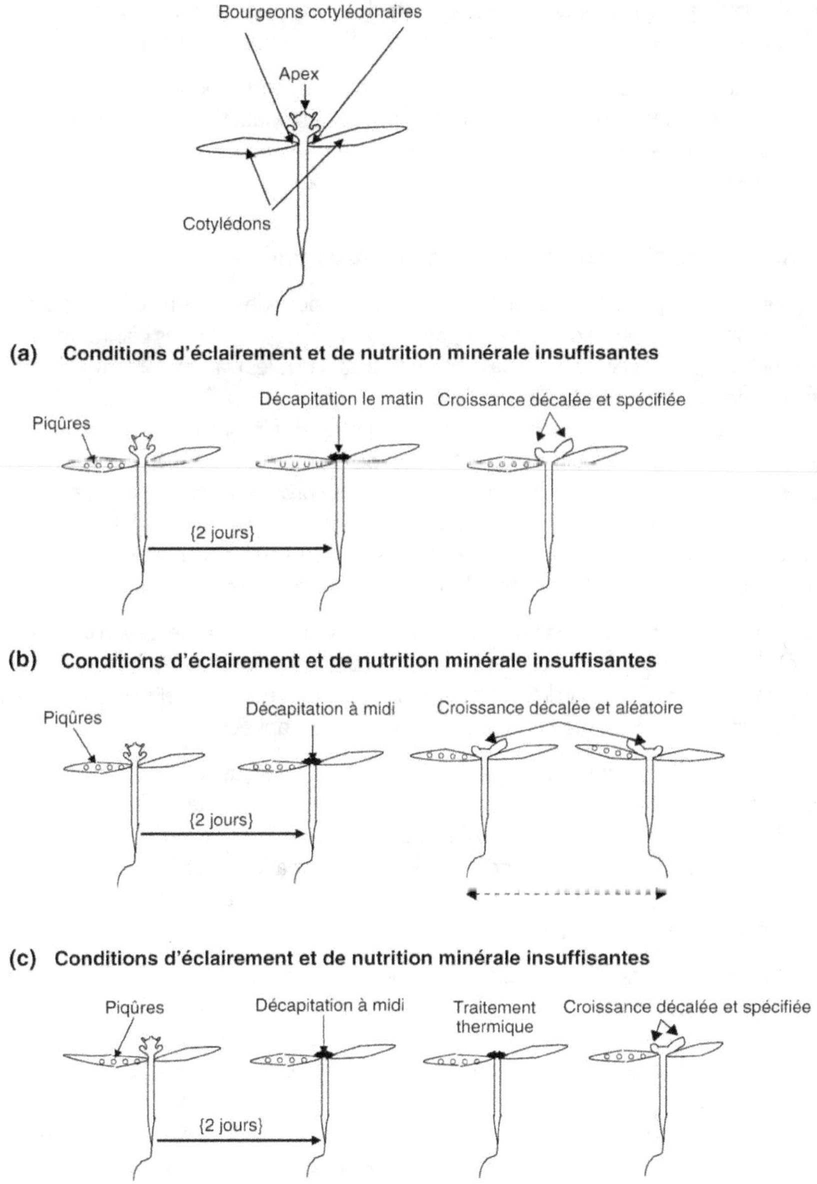

FIGURE 3.2 ■ **Mise en évidence d'un stockage d'information chez la bident.**

Comme dans la figure 3.1, le tout premier croquis (en haut) représente la situation de départ commune aux trois expériences a, b et c.

le dominant (celui qui démarra sa croissance en premier) fut le plus souvent celui à l'aisselle du cotylédon non stimulé (3e croquis). En bref, au moment où l'ablation de l'apex permettait enfin le démarrage de croissance des bourgeons cotylédonaires chez les jeunes plants de bident décapités avec retard, ceux-ci « se rappelaient » parfaitement qu'ils avaient subi une stimulation dissymétrique deux jours plus tôt ; et ils y répondaient par la spécification de la dominance entre leurs bourgeons cotylédonaires (Thellier *et al.*, 1981). Ce qui revient à dire que la stimulation dissymétrique avait induit le stockage « en mémoire » d'une information de spécification de la dominance entre bourgeons cotylédonaires chez les plantes.

Une information relative à la spécification de la dominance entre bourgeons cotylédonaires avait donc été stockée « en mémoire » dans les plantes. Elle y était restée latente pendant les deux jours séparant la stimulation dissymétrique du démarrage de croissance des bourgeons ; c'est ce que l'on appellera le temps de latence ou la période de mémorisation.

De l'importance d'être décapitée le matin ou à midi

Nous avons pas mal pataugé pour aller plus loin ! Parmi toutes les expériences dont le résultat nous a d'abord arrêtés, celle décrite à la figure 3.2b fut effectuée sur des plantes et dans des conditions analogues à celles décrites à la figure 3.2a, sauf que les plantes après avoir été stimulées furent décapitées *à midi* (au milieu de la période d'éclairement) au lieu de l'être le matin (1er et 2e croquis). Tout portait à croire que cette petite différence dans le protocole expérimental allait être sans effet sur la spécification de la dominance entre bourgeons cotylédonaires. À notre surprise, ce fut tout le contraire qui se produisit ! Plus précisément, l'un des bourgeons cotylédonaires devenait dominant sur l'autre ; mais, comme cela avait été le cas en l'absence de toute stimulation des cotylédons (fig. 3.1b), les deux bourgeons cotylédonaires avaient des chances égales de devenir le bourgeon dominant (3e et 4e croquis).

Bien qu'un des deux cotylédons de chaque bident ait été stimulé, le devenir (dominant/dominé) des deux bourgeons cotylédonaires restait donc indéterminé lorsque la décapitation était effectuée à midi, au lieu d'être spécifiée (le bourgeon à l'aisselle du cotylédon non stimulé devenant dominant) lorsque les plantes étaient décapitées le matin.

Dans un premier temps, nous avons pensé que le fait de décapiter les plantes à midi effaçait l'information de spécification de la dominance[18] qui avait été stockée suite à la stimulation d'un seul des deux cotylédons. C'était logique, car l'effacement de l'information stockée nous aurait bien ramenés à la situation décrite où aucune information de spécification de la dominance entre bourgeons cotylédonaires n'avait été stockée (fig. 3.1b). Et pourtant ce n'était pas la bonne interprétation !

L'expérience suivante (fig. 3.2c) fut effectuée sur des plantes et dans des conditions analogues, avec décapitation à midi après deux jours (1er et 2e croquis), sauf que les plantes furent soumises à un traitement thermique consistant en un brusque refroidissement suivi d'un lent réchauffement (3e croquis) peu après cette décapitation. Le bourgeon cotylédonaire à l'aisselle du cotylédon non stimulé redevint alors (comme sur la fig. 3.1c) le bourgeon dominant (4e croquis). Le traitement thermique n'étant lui-même en aucune façon dissymétrique, on pouvait en déduire qu'une décapitation à midi n'avait pas affecté le stockage de l'information

18. Pour plus de brièveté et de simplicité, dans ce qui suit, on utilisera le plus souvent la forme abrégée de « spécification de la dominance » (à la place de « spécification de la dominance entre bourgeons cotylédonaires »).

de spécification de la dominance, mais qu'il avait rendu les plantes inaptes à « rappeler » cette information (c.-à-d. à en faire usage), tandis que le traitement thermique avait restitué aux plantes leur aptitude à rappeler l'information stockée, leur permettant alors d'en faire usage pour favoriser la croissance du bourgeon à l'aisselle du cotylédon non stimulé.

Pour résumer les expériences qui viennent d'être décrites, on peut dire que la stimulation dissymétrique des bidents (administration de piqûres à un seul des deux cotylédons) induit le stockage d'une information de spécification de la dominance entre bourgeons cotylédonaires, et que diverses conditions (ici le moment de la journée où les plantes sont décapitées ou l'adjonction éventuelle d'un traitement thermique) rendent les plantes réversiblement aptes ou inaptes à rappeler l'information stockée pour en faire usage, ou non, dans le contrôle de la croissance relative des bourgeons cotylédonaires.

Il intervient en fait deux fonctions dans la mémoire végétale que nous venons d'étudier :

- une fonction assurant le *stockage* d'une information (suite à la perception d'un stimulus) ;
- et une fonction conférant aux plantes, ou non, l'*aptitude à rappeler* l'information stockée.

Ce résultat n'est pas tellement surprenant quand on le compare au fonctionnement de notre propre mémoire. Lorsque, par exemple, nous avons stocké en mémoire les détails du trajet à faire de notre lieu de travail à notre logement, cela ne nous servirait à rien si nous n'avions pas aussi la capacité de rappeler cette information à la conscience lorsque nous en avons besoin !

Une mémoire végétale de type « stockage/rappel »

Nous venons de voir qu'il existe une mémoire chez la bident, laquelle met en jeu le stockage et le rappel d'une information de spécification de la dominance entre bourgeons cotylédonaires. Quelques propriétés essentielles de cette mémoire ont été identifiées comme suit.

Diversité des stimulus pouvant amener une réaction

Pour ce qui est du stockage de l'information, les piqûres dissymétriques ne se révélèrent pas les seules à induire le stockage de cette information de spécification de la dominance. Citons l'administration, à un seul cotylédon de chaque plante, de stimulus abiotiques traumatiques (blessures) ou non traumatiques (contact, frottements) ; ou bien le dépôt, toujours sur un seul cotylédon, de gouttelettes de solutions de diverses substances précises (par exemple, le glucose, le galactose, le fructose et le myo-inositol se sont révélés actifs, en présence d'un peu de potassium ou de calcium, alors que l'arabinose, le mannitol et la leucine ne l'étaient pas). Dans ce qui suit, on continuera cependant à utiliser le plus souvent des stimulus de piqûres, en raison de la rapidité et de la facilité de leur administration ainsi que du caractère quantitatif de ce type de stimulus (par le nombre de piqûres administrées à chaque fois).

Quand on pique, on stocke

Lorsqu'un stimulus de piqûres dissymétrique induisait le stockage d'une information de spécification de la dominance, cette information ne présentait pas de caractère quantitatif même lorsque le stimulus était quantifiable. En effet, nous ne sommes jamais parvenus à mettre en évidence l'existence d'une relation quantitative entre le pourcentage de bourgeons dominants du côté du cotylédon non stimulé et l'intensité du stimulus (par exemple, le nombre de piqûres administrées). En bref, une information de spécification de la dominance pouvait être stockée suite à l'administration d'un stimulus de piqûres, mais ne pouvait pas l'être plus ou moins.

Après qu'une information de spécification de la dominance induite par une stimulation de piqûres dissymétrique eut été stockée dans les plantes, nous ne sommes jamais parvenus à effacer cette information stockée ni même à l'inverser (c.-à-d. à faire en sorte qu'elle devienne en faveur de l'autre bourgeon). Cela restait vrai même lorsque le premier stimulus de piqûres était suivi de l'application d'un stimulus opposé plus puissant (par exemple, quatre piqûres sur un cotylédon, suivies de huit piqûres sur l'autre). Plus généralement, lorsque l'on combinait deux ou plusieurs stimulus de piqûres, c'était toujours le premier stimulus dissymétrique qui induisait le stockage de l'information spécifiant lequel des deux bourgeons allait devenir le bourgeon dominant. Les stimulus de piqûres suivants (qu'ils soient symétriques ou dissymétriques) restaient sans effet sur le stockage d'information et n'intervenaient éventuellement que sur l'aptitude des plantes à rappeler cette information. L'information stockée se conservait, sans érosion notable, pendant des intervalles de temps allant jusqu'à deux semaines (temps au-delà duquel les plantes s'étaient tellement développées que les considérations précédentes ne leur étaient plus guère applicables). De tout cela, on retiendra que, chez le jeune plant de bident, stimulé par piqûre avec une pointe mousse, le stockage d'une information de spécification de la dominance est robuste (si ce n'est irréversible) et relève du « tout ou rien » (cf. encadré).

On a vu qu'après un stimulus de piqûres dissymétrique une information, spécifiant lequel des deux bourgeons allait devenir dominant, se stockait de façon irréversible et non quantitativement dépendante de l'intensité du stimulus. Cependant, on ne peut pas exclure que même le moins intense de tels stimulus (comme l'administration d'une seule piqûre à l'un des cotylédons) ne suffise à saturer les possibilités de mémorisation du végétal ; et l'on peut alors s'interroger sur ce qui se passerait suite à l'administration de stimulus encore beaucoup plus faibles ?

Marie-Odile Desbiez trouva une façon détournée de répondre à la question. Dans ses chambres d'expériences, elle disposait les plantes dans leurs bacs à culture de façon que les paires de cotylédons soient toutes parallèles les unes aux autres, ce qui permettait de distinguer sur chaque plante un cotylédon de gauche et un cotylédon de droite. Or il y avait des endroits dans les chambres d'expérience où, sans qu'elle ait stimulé les plantes par un traitement de piqûres, le bourgeon de gauche devenait légèrement (de quelques pourcents seulement) mais systématiquement dominant, et d'autres endroits où c'était le bourgeon de droite qui dominait légèrement l'autre. Marie-Odile attribuait à l'inévitable formation de petits gradients d'éclairement ou de température (malgré ses efforts d'homogénéisation des conditions régnant dans les chambres) le rôle de mini-stimulus responsables de ces faibles manifestations de dominance. Ainsi, de faibles stimulus induisaient l'apparition d'une faible dominance ; puis, lorsque l'on appliquait les stimulus (beaucoup plus puissants) de piqûres, d'une part ceux-ci imposaient une spécification plus nette de la dominance et d'autre part l'on parvenait à inverser le sens de la spécification induite par les faibles stimulus dus aux petits gradients en appliquant un stimulus opposé de piqûres. En combinant les très faibles stimulus dus à l'existence de gradients avec les stimulus plus puissants de piqûres, on parvenait donc à des résultats (stockage d'information réversible et quantitativement dépendant de l'intensité du stimulus) diamétralement opposés à ceux que l'on obtenait en s'intéressant seulement à l'effet des stimulus de piqûres (stockage d'information irréversible et non quantitativement dépendant de l'intensité du stimulus). En bref, les propriétés de la fonction « stockage » qui ont été déterminées avec un certain type de stimulus ne sont pas forcément les mêmes que celles déterminées avec d'autres types de stimulus !

Le rappel de l'information stockée

Pour étudier le rappel d'une information stockée, nous avons utilisé non seulement des stimulus *dissymétriques* (administration de piqûres à un seul des deux cotylédons) mais aussi des stimulus *symétriques* consistant à administrer simultanément un même nombre de piqûres à chacun des deux cotylédons.

Réversibilité/irréversibilité du rappel de l'information

Tant que l'intervalle de temps n'était pas trop grand (deux jours, par exemple) entre l'administration d'un stimulus dissymétrique (induisant le stockage d'une information de spécification de la dominance) et la décapitation des plantes (permettant le démarrage de la croissance des bourgeons cotylédonaires), il était facile de rendre ces plantes réversiblement aptes/inaptes à rappeler l'information stockée. Des traitements variés le permettaient, tels que l'administration de piqûres (symétriques ou dissymétriques), l'application de traitements thermiques, la façon d'effectuer la décapitation des plantes, etc. En revanche, pour les intervalles de temps longs (par exemple de 14 jours), les plantes devenaient en permanence aptes à rappeler et exprimer l'information de spécification de la dominance préalablement stockée, quelles que soient les conditions de la décapitation et les traitements auxquels ces plantes étaient ultérieurement soumises.

Influence des rythmes biologiques sur le rappel d'information

La compilation d'un grand nombre d'expériences permit d'atteindre un résultat inattendu. Pour cela, on réexamina toutes les expériences au cours desquelles un stimulus dissymétrique avait été suivi d'un second stimulus après des intervalles de temps croissants (60 000 plantes étudiées au total). Peu importait que le second stimulus fût symétrique ou dissymétrique, puisque nous avons vu plus haut qu'il ne pouvait pas intervenir sur le stockage d'une information de spécification de la dominance mais seulement, éventuellement, sur son rappel. À première vue, les résultats parurent incohérents. En effet, certaines expériences indiquaient que le pourcentage de bourgeons dominants à l'aisselle du cotylédon non stimulé était significativement supérieur à 50 % (dominance spécifiée), alors que d'autres montraient que ce pourcentage ne dépassait pas significativement ces mêmes 50 % (dominance non spécifiée) ! En examinant les données de plus près, on constata qu'en réalité lorsque l'intervalle de temps entre les deux stimulus prenait des valeurs de l'ordre de 1 heure, 3 heures, 7 heures 30 minutes, 12 heures et supérieure à 14 heures, la dominance était, respectivement, spécifiée, non spécifiée, spécifiée, non spécifiée et spécifiée. Autrement dit, on trouvait que la dominance entre les bourgeons cotylédonaires oscillait entre spécification et non spécification en fonction de l'intervalle de temps séparant les deux stimulus. Cela suggérait que l'aptitude/inaptitude au rappel était en quelque façon associée à un rythme de la plante. Or, nous savons déjà que l'aptitude à rappeler une information stockée dépend du moment de la journée (matin ou midi) auquel on effectue la décapitation des plantes (fig. 3.2a et b), ce qui suggère que cette aptitude/inaptitude peut être corrélée au rythme circadien[19] de ces plantes. De ces deux observations on peut déduire qu'il est vraisemblable que la commutation aptitude/inaptitude au rappel d'une information stockée soit en relation avec les rythmes internes du végétal étudié.

Possibilité d'un rappel multiple d'information

En combinant habilement un stimulus dissymétrique avec un ou plusieurs stimulus symétriques, et en choisissant des intervalles de temps correspondant à des maximums et des minimums de l'oscillation précédente, notre groupe a trouvé qu'il était possible de rappeler au moins deux fois une information de spécification de la dominance préalablement stockée suite à la perception d'un stimulus dissymétrique.

Des fonctions « stockage » et « rappel » en interaction mais aux mécanismes indépendants

Il est clair qu'il ne servirait à rien de stocker une information qui ne sera jamais rappelée ou de chercher à rappeler une information qui n'a pas été stockée. Un peu comme le yin et le yang (la passivité et le mouvement), le stockage et le rappel d'information sont tellement complémentaires l'un de l'autre que l'existence de l'un n'a pas de sens sans l'existence de l'autre. Il n'est pas surprenant que leur fonctionnement combiné puisse avoir des effets inattendus, comme nous allons voir.

Lorsque plusieurs lots de plantes furent soumis à des stimulus dissymétriques d'intensité croissante (par exemple, de 1 à 12 piqûres administrées à un seul des deux cotylédons), le résultat parut paradoxal. On trouva en effet que d'une part, les deux bourgeons cotylédonaires avaient des chances égales de devenir le bourgeon dominant (dominance non spécifiée) avec les stimulus les plus faibles (1 à 2 piqûres) comme avec les plus puissants (10 à 12 piqûres), alors que d'autre part c'était le bourgeon à l'aisselle du cotylédon non stimulé qui devenait dominant (dominance spécifiée) pour les stimulus d'intensité intermédiaire (4 à 6 piqûres) ! La seule interprétation simple était que tous ces stimulus avaient entraîné le stockage d'une information de spécification de la dominance, mais que les plantes restaient bloquées dans un état les rendant inaptes à rappeler l'information stockée, quand elles étaient soumises à des stimulus dissymétriques de piqûres trop faibles ou trop intenses ; et qu'elles ne devenaient aptes à rappeler l'information stockée que lorsqu'elles avaient été soumises à un stimulus d'intensité intermédiaire. Au passage, cela montrait aussi que certains stimulus pouvaient être actifs à la fois sur le stockage d'une information et sur l'aptitude/inaptitude de la plante à rappeler l'information stockée.

Qu'un stimulus dissymétrique soit administré aux jeunes plants de bident avant ou après les avoir rendus aptes à rappeler une information stockée ne modifiait pas significativement les pourcentages de bourgeons dominants à l'aisselle des cotylédons stimulés et non stimulés. On peut en conclure que le stockage et le rappel fonctionnent selon des mécanismes indépendants l'un de l'autre.

19. Un rythme circadien est un rythme de période proche de 24 heures. C'est un rythme tel que l'intervalle de temps entre deux maximums (ou deux minimums) successifs soit d'à peu près une journée.

Extension à d'autres plantes que la bident

Toutes les expériences relatées jusqu'ici ont été effectuées sur des plants de bident. Mais un stimulus dissymétrique causa également le stockage d'une information de spécification de la dominance chez de jeunes plants de lin et de deux cultivars de tomate ('Groseille rouge' et 'Marmande') [Desbiez *et al.*, 1984]. La capacité de mémoriser une information de spécification de la dominance pourrait donc être une propriété assez générale des jeunes plantes, à tout le moins des jeunes plants de dicotylédones[20], les seuls types de plantes à avoir été étudiées dans ce chapitre.

Un concept contre-intuitif en voie d'acceptation

C'est peu de dire que notre découverte de l'existence d'une mémoire chez de jeunes plantes fut d'abord accueillie avec réserve ! Dans un premier temps, il nous fut difficile d'en publier les développements dans les journaux scientifiques internationaux.

Pour qui ne connaîtrait pas les coutumes de l'édition scientifique, rappelons que les rédacteurs en chef font examiner, par des experts de la discipline (c.-à-d. par des collègues des auteurs), les manuscrits qui leur sont soumis pour publication. Ensuite, c'est selon les commentaires de ces experts que sera prise la décision éditoriale de publier le manuscrit tel quel, de le rejeter, ou de demander des améliorations. Les noms des auteurs sont connus des experts, mais les noms des experts ne sont habituellement pas communiqués aux auteurs. Ce système n'est pas parfait, et peut donner lieu à incompréhensions ou abus ; mais il s'est révélé à l'usage plus utile que nuisible, les commentaires des experts étant le plus souvent honnêtes et destinés à aider les auteurs plutôt qu'à les maltraiter.

Dans notre cas, la froideur initiale des experts venait surtout du caractère contre-intuitif de l'application à une plante du concept même de mémoire. Selon l'expression de l'un d'eux, il y avait là « de quoi se brûler les doigts ». Un autre se montra plus précis en nous demandant en quoi le fait d'être capable de mémoriser une information de spécification de la dominance pouvait bien constituer un avantage évolutif pour la bident ? C'était une bonne question, que l'on peut d'ailleurs généraliser : en quoi le fait d'être capable de mémoriser une information pourrait constituer un avantage évolutif pour une plante ? Nous y reviendrons au chapitre 7. Quoi qu'il en soit, les résultats continuant à s'accumuler, chez nous comme dans d'autres équipes, l'étude de la mémoire des plantes finit par devenir un thème de recherche comme un autre.

Le physiologiste britannique Anthony Trewavas (2003) attira l'attention sur le fait qu'on peut reconnaître deux formes différentes de mémoire chez les végétaux :

- la première, que l'on appellera de type « stockage/rappel », a déjà été rencontrée dans l'étude de la spécification de la dominance. Elle implique le stockage d'une information puis le rappel de cette information à un ou plusieurs instants ultérieurs ;
- dans la seconde, les plantes qui ont été stimulées modifient leur façon de répondre à une nouvelle administration du même (ou parfois d'un autre) stimulus. C'est ce que

20. Les plantes dicotylédones sont des plantes supérieures possédant deux cotylédons, par opposition aux monocotylédones qui n'ont qu'un seul cotylédon.

l'on peut appeler une mémoire de type « apprentissage ». Le mot « apprentissage » risque de paraître incongru dans son application à un végétal ; mais on l'utilise bien, maintenant, pour un logiciel, un robot ou toute autre machine, alors, pourquoi pas pour une plante ? Quoi qu'il en soit, ce second type de mémoire implique, comme le premier, un stockage d'information, mais avec une réponse qui reste immédiate. S'il existe également une fonction « rappel », cette fonction est bloquée dans une position rendant les plantes aptes à rappeler l'information stockée.

Incidemment, une conséquence de tout cela pourrait être qu'il est au moins aussi logique de parler des mémoires végétales (au pluriel), que de la mémoire (au singulier) des plantes.

Chapitre 4

AU BONHEUR DES EXPÉRIMENTATEURS

Les nouveaux systèmes d'étude

Le système des bourgeons cotylédonaires, sur lequel nous avons découvert l'existence d'une mémoire de type « stockage/rappel », était d'une manipulation délicate car ces bourgeons sont petits et profondément enfouis dans les tissus de la plante, donc peu accessibles aux techniques d'étude de la biologie et de la biochimie. De plus, le phénomène étudié, par son comportement qui s'exprime par le pourcentage de bourgeons dominants du côté du cotylédon stimulé ou non stimulé, n'a qu'une signification statistique. Cela peut paraître une manière bien compliquée et déroutante d'aborder le problème !

La façon tortueuse, par laquelle nous avons découvert que les plantes avaient de la mémoire au cours d'une étude sur les corrélations entre organes, n'est pas si rare en sciences. En travaillant sur un certain phénomène, on fait une observation fortuite qui ouvre de nouveaux horizons. Pour ne rappeler que quelques cas parmi les plus célèbres, il est communément admis que le hasard a joué dans la découverte de la vaccination par Jenner, de la radioactivité par Becquerel ou de la pénicilline par Flemming. Tout le mérite de ces découvreurs fut de s'être rendu compte de la portée de leur observation et d'en avoir engagé l'exploitation. Ils n'étaient pas toujours tombés sur la façon la plus commode d'aborder le nouveau phénomène ; mais eux-mêmes ou leurs successeurs finissaient en général par trouver des voies plus aisées pour en poursuivre l'étude.

Il y a encore quelques dizaines d'années de cela, c'étaient les chercheurs eux-mêmes qui choisissaient le sujet sur lequel travailler, et les laboratoires publics recevaient tous un financement pour cela. Ces recherches, souvent, ne menaient qu'à pas grand-chose, voire à rien du tout. Mais, de temps en temps, il en émergeait une nouvelle façon d'aborder les problèmes, une association d'idées originale, un résultat expérimental inattendu ; et la connaissance progressait doucement. Cette façon d'aller des choses était conforme au deuxième principe de la thermodynamique, lequel veut qu'on ne puisse faire un peu d'ordre quelque part qu'en créant ailleurs un grand désordre ; et tout le monde s'en contentait. Aujourd'hui, ce ne sont plus les chercheurs mais les décideurs (politiques, directoriaux ou autres) qui savent ce qu'il est bon de faire et qui le financent exclusivement. Ils promeuvent préférentiellement les applications de principes déjà connus. On ne voit plus de ces illuminés, chercheurs du meilleur moyen de fendre en quatre les pilosités capillaires ou de faire subir aux diptères les derniers outrages ; l'argent public est utilisé de façon rentable et la technologie progresse à grands pas.

Imaginez un instant qu'on ait appliqué cette politique depuis le paléolithique. À n'en pas douter nous aurions maintenant des pierres superbement taillées. Aurions-nous également ces petites commodités que sont le feu, l'électricité, l'écriture, la numération décimale et l'informatique ?

C'est pourtant une situation qui n'est pas rare en sciences. En travaillant sur un certain phénomène, on découvre par hasard quelque chose dans un domaine différent. Il est fréquent que ce ne soit pas une façon très commode d'aborder le nouveau phénomène ; mais on finit souvent par trouver des voies plus aisées pour en poursuivre l'étude (cf. encadré).

C'est exactement ce qui s'est passé dans notre approche de la mémoire des plantes. De nouveaux systèmes expérimentaux, également caractéristiques d'une mémoire de type « stockage/rappel », se révélèrent beaucoup plus commodes à utiliser et plus faciles à comprendre que la spécification de la dominance entre bourgeons cotylédonaires chez la bident. Il s'agit du stockage et du rappel d'une information de réduction de l'allongement de l'hypocotyle chez le jeune plant de bident ; d'une information de production de méristèmes épidermiques chez la jeune plante de lin ; et d'informations relatives à la biosynthèse de différentes sortes de peroxydases dans des cultures de tissus de bryone. Ces trois systèmes furent étudiés, pour le premier, par une collaboration entre notre groupe (à l'université de Rouen) et celui de Marie-Odile Desbiez (à l'université de Clermont), pour le deuxième par notre groupe à Rouen et pour le troisième par l'équipe de Nicole Boyer à l'université de Clermont.

Un allongement soumis à la mémoire

Le protocole

L'étude fut effectuée sur des plants de bident dans les jours suivant la mise des graines en germination (jour 0), donc sur des plants un peu plus jeunes que ceux utilisés pour l'étude de la spécification de la dominance entre bourgeons cotylédonaires (chap. 3). C'est, en effet, immédiatement après la germination que se fait l'essentiel de l'allongement de l'hypocotyle. La figure 4.1 donne une présentation simplifiée des données expérimentales de base. Elle implique six lots de plantes sur lesquelles l'allongement des hypocotyles fut mesuré pendant leurs deux premières semaines de vie, dans différentes conditions de nutrition minérale et de stimulation (Desbiez *et al.*, 1987).

Les plantes des deux premiers lots furent cultivées sur une solution nutritive classique, soit en l'absence de toute stimulation (lot a1), soit en subissant au 6e jour un stimulus de quatre piqûres administrées simultanément à chacun des deux cotylédons (lot a2). On ne constata aucune différence significative entre l'allongement journalier de l'hypocotyle des plantes stimulées et celui des plantes non stimulées.

Les plantes des deux lots suivants (b1 et b2) furent cultivées sur une solution *extrêmement diluée* ; mais, à part cela, elles furent traitées exactement comme les précédentes, c'est-à-dire non stimulées pour le lot b1 et soumises à un stimulus de quatre piqûres administrées simultanément à chacun des deux cotylédons au 6e jour pour le lot b2. L'allongement journalier de l'hypocotyle des plantes stimulées fut d'environ 30 % moindre que l'allongement normal observé chez les plantes non stimulées.

La stimulation, qui semblait n'avoir aucun effet sur l'allongement journalier de l'hypocotyle des plantes cultivées sur une solution nutritive classique, entraînait donc une réduction de 30 % de cet allongement chez les plantes cultivées sur la solution diluée !

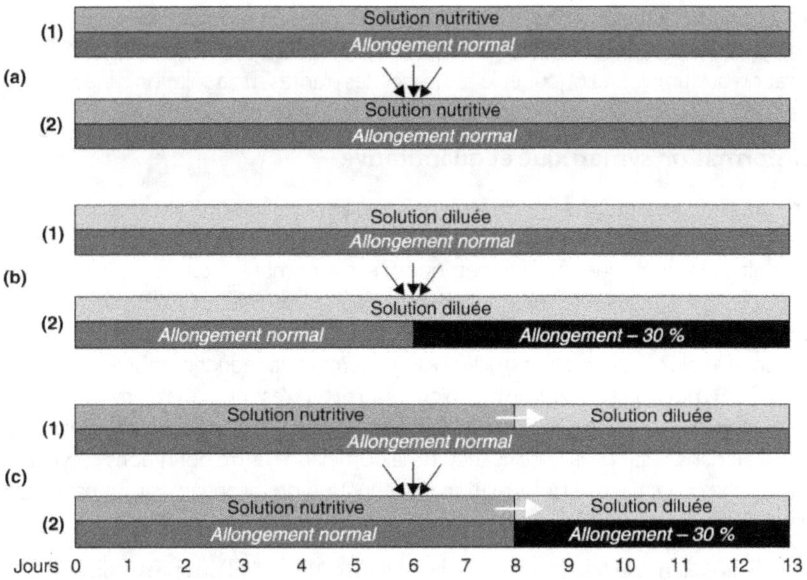

FIGURE 4.1 ■ **Stockage et rappel d'une information de « réduction de l'allongement journalier de l'hypocotyle » chez la bident.**

Les plantes des deux derniers lots (c1 et c2), d'abord cultivées sur la solution nutritive, restèrent non stimulées (lot c1) ou bien elles furent soumises (comme dans les cas précédents) à un traitement de quatre piqûres administrées simultanément à chacun des deux cotylédons au 6ᵉ jour (lot c2). Puis les plantes des deux lots furent transportées sur la solution extrêmement diluée au 8ᵉ jour. L'allongement journalier de l'hypocotyle des plantes stimulées resta normal (analogue à celui des plantes non stimulées) tant que les plantes restèrent sur la solution nutritive, puis elle fut réduite d'environ 30 % dès que ces plantes furent transportées sur la solution diluée.

Ces résultats s'interprètent aisément en faisant appel à l'intervention de deux fonctions, « stockage » et « rappel », comme on l'avait fait dans le cas de la spécification de la dominance. On considère ainsi que le stimulus (quatre piqûres administrées simultanément à chacun des deux cotylédons) induit dans tous les cas le stockage d'une information de réduction de l'allongement journalier de l'hypocotyle[21] ; mais que les plantes restent inaptes à rappeler l'information stockée tant qu'elles sont cultivées sur la solution nutritive ; et enfin, que ces plantes ne deviennent aptes à rappeler l'information stockée, et à en faire usage dans le contrôle de cet allongement, que lorsqu'elles sont cultivées sur la solution diluée.

Plus précisément, chez les plantes du lot c2, le stimulus provoque le stockage de l'information de réduction de l'allongement au 6ᵉ jour ; mais, ces plantes étant alors cultivées sur la solution nutritive, elles ne peuvent pas rappeler l'information stockée et rien ne se passe apparemment ; puis, lorsque les plantes sont transportées sur la solution diluée au 8ᵉ jour et deviennent ainsi aptes à rappeler l'information stockée, elles se « souviennent » parfaitement de la stimulation

21. De même que nous l'avons fait pour évoquer la spécification de la dominance entre bourgeons cotylédonaires, nous utiliserons au besoin dans le cours de notre texte la forme abrégée de « réduction de l'allongement » et qui renverra bien évidemment dans notre contexte à l'allongement journalier de l'hypocotyle.

qu'elles ont subie deux jours plus tôt et elles y répondent en réduisant l'allongement de leur hypocotyle. Le temps de latence (ou période de mémorisation) est ici de deux jours (entre l'administration du stimulus au 6e jour et le transport des plantes sur la solution diluée au 8e jour).

Une information symétrique et quantitative

L'information de réduction de l'allongement journalier de l'hypocotyle, stockée suite à l'administration du stimulus de piqûres, est *symétrique* : l'hypocotyle ne se courbe pas, que le stimulus ait été symétrique ou dissymétrique. C'est le nombre total de piqûres qui compte. Par exemple, un stimulus dissymétrique de huit piqûres administrées à l'un des cotylédons a le même effet qu'un stimulus symétrique de quatre piqûres administrées à chacun des deux cotylédons. De plus, l'information stockée est *quantitative* : la réduction d'allongement qui est d'environ 30 % pour un stimulus de huit piqûres au total, n'est plus que d'environ 15 % et 7 % pour des stimulus de quatre et deux piqûres, respectivement. Enfin, en procédant comme on l'avait fait dans le cas de la spécification de la dominance entre bourgeons cotylédonaires, la vitesse de propagation de l'information de réduction de l'allongement fut estimée être à nouveau de l'ordre d'une fraction de millimètre par seconde.

Que les plantes aient été transportées sur la solution diluée avant ou après l'administration du stimulus de piqûres ne changeait pas la valeur de la réduction de l'allongement. On trouvait donc à nouveau que le stockage et le rappel fonctionnent indépendamment l'un de l'autre.

Des modifications dans les biosynthèses de la plante

Le stockage ainsi que le rappel d'une information de cette réduction de l'allongement s'accompagnaient de modifications de la biosynthèse d'un certain nombre de protéines, repérées par leur masse moléculaire exprimée en kiloDalton (kDa) [Henry-Vian *et al.*, 1995]. En particulier, l'administration de piqûres (induisant le stockage d'une information de réduction de l'allongement) modifiait la biosynthèse de deux protéines (37 et 41 kDa), et le transfert des plantes sur la solution diluée (leur conférant l'aptitude à rappeler l'information stockée) modifiait la biosynthèse de trois protéines (20, 48 et 49 kDa). Comme on pouvait s'y attendre, lorsque les plantes étaient soumises à la fois à l'administration du stimulus et au transport sur le milieu dilué, cela modifiait la biosynthèse de toutes les protéines déjà signalées (20, 37, 41, 48 et 49 kDa) ; cela modifiait également la biosynthèse de deux protéines (proches l'une et l'autre de 38 kDa), qui sont probablement impliquées dans des étapes plus tardives de la réponse. Enfin, la teneur des tissus en précurseurs de l'éthylène, la vitesse de libération de celui-ci et l'activité de diverses enzymes peroxydasiques augmentaient au cours des quelques heures qui suivaient les piqûres sur les jeunes plants de bident (Desbiez *et al.*, 1987).

Chez d'autres plantes

L'administration de piqûres cotylédonaires provoqua le stockage d'une information de réduction de l'allongement journalier de l'hypocotyle également chez de jeunes plants de tomate cultivés sur un milieu nutritif classique. Puis le transfert de ces plantes sur une solution extrêmement diluée leur permit de rappeler l'information stockée et de l'exprimer, en l'accompagnant de modifications d'activités peroxydasiques. Avec un stimulus initial de huit piqûres sur chacun des deux cotylédons (soit 16 piqûres au total), la réduction de l'allongement atteignit 50 % (Lefèvre *et al.*, 1993).

Des résultats voisins furent obtenus en soumettant de jeunes plants de lin à des stimulus de piqûres cotylédonaires puis en les transportant sur une solution très diluée. De plus, le dépôt de gouttelettes de solutions de dextrane ou de fructose additionnées d'un peu de chlorure de potassium, sur les cotylédons de jeunes plants de lin maintenus sur la solution diluée, provoquait également une réduction de l'allongement (Thellier *et al.*, 2013).

Ainsi, il apparaît à nouveau que la bident n'est pas la seule plante capable de mémoriser une information (ici de réduction de l'allongement de l'hypocotyle) mais que la tomate et le lin (et sans doute aussi bien d'autres plantes) le peuvent également ; et que des gouttelettes de solutions de certains sucres peuvent constituer des stimulus suffisants pour provoquer le stockage d'une information morphogène[22].

Une mémoire qui se retrouve dans la production de méristèmes épidermiques

Principe de l'expérimentation

Le lin (*Linum usitatissimum*) est une plante aux fleurs décoratives abondamment cultivée en France. L'expérimentation relative au stockage/rappel d'une information de production de méristèmes épidermiques fut conduite sur de jeunes plants de la variété 'Ariane', au cours du mois qui suivait leur germination.

Lorsque les plants de lin, peu après leur germination, étaient soumis à un stimulus *abiotique* accompagné d'une *privation temporaire de calcium*, notre groupe a trouvé que des cellules épidermiques de l'hypocotyle entraient en division pour former de petits méristèmes (fig. 4.2) [Verdus *et al.*, 1997]. Le stimulus abiotique pouvait n'être qu'un simple « stimulus de manipulation » correspondant au repiquage des plantes depuis leur boîte de germination jusque sur

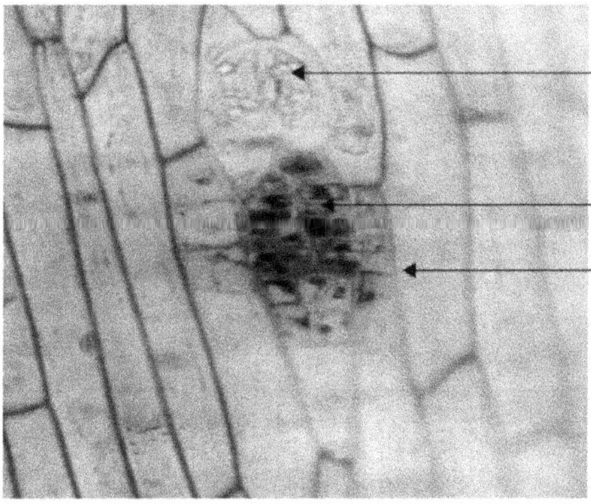

FIGURE 4.2 ■ **Méristème épidermique de l'hypocotyle de lin. Photo : Marie-Claire Verdus.**

Les cellules épidermiques sont des cellules allongées parallèlement à l'hypocotyle. Les méristèmes sont de petits massifs de cellules en division ; ils apparaissent souvent au voisinage d'un stomate.

22. Morphogène : qui intervient dans la genèse de la forme d'un organisme (ici, la longueur de l'hypocotyle).

une solution nutritive classique. La privation temporaire de calcium s'obtenait en transportant avec précaution, par exemple pendant deux jours, l'ensemble du lot de plantes étudié sur un milieu dont la teneur en calcium était fortement réduite ou annulée.

Lors d'une première expérience, de jeunes plants de lin furent soumis à un stimulus de manipulation *immédiatement suivi* d'une privation temporaire de calcium. On prélevait (par exemple tous les jours ou tous les deux jours) une dizaine de plantes, et l'on comptait le nombre de méristèmes apparus dans l'épiderme de leur hypocotyle. De ces comptages, on déduisait facilement le nombre moyen de méristèmes apparus par plante au cours du temps. Une façon commode de représenter ce genre de données consiste à construire le graphe correspondant. Pour cela, on trace deux axes perpendiculaires l'un à l'autre, un axe horizontal (dit axe des abscisses) sur lequel on fera figurer les dates de dénombrement des méristèmes et un axe vertical (dit axe des ordonnées) sur lequel on fera figurer les nombres moyens de méristèmes comptés à chacune des dates de dénombrement. Chaque dénombrement est représenté par un point à l'intersection de la verticale passant par la date du dénombrement avec l'horizontale passant par le nombre moyen de méristèmes comptés par plante à cette date. L'avantage du graphe est qu'il permet de visualiser d'un coup d'œil l'évolution du phénomène étudié. En faisant le graphe des nombres moyens de méristèmes comptés par plante aux différentes dates de mesure (fig. 4.3), on voit que ce nombre augmente, pendant les deux à trois semaines

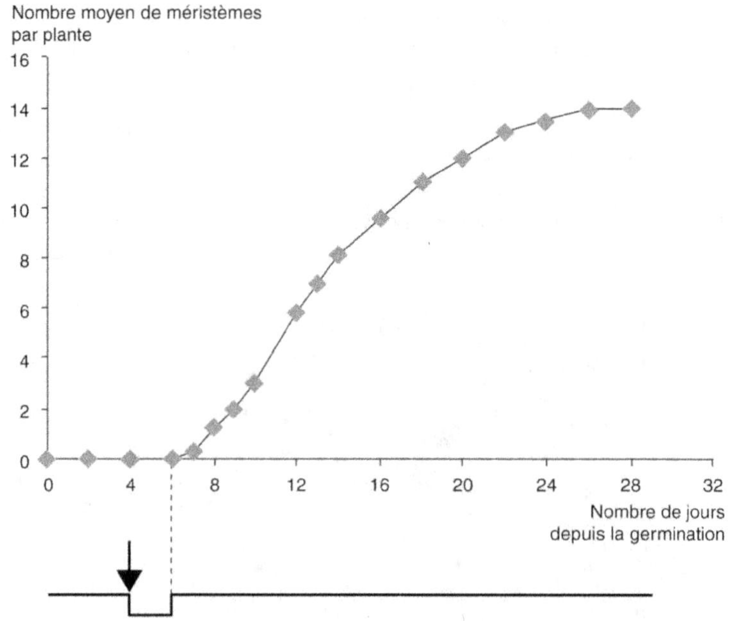

FIGURE 4.3 ■ **Production de méristèmes épidermiques dans l'hypocotyle de jeunes plants de lin. D'après Verdus *et al.*, 1997.**

Les plantes ont été soumises au stimulus de manipulation à l'âge de 4 jours (le jour 0 correspondant au début de la germination), puis elles ont été privées de calcium du 4ᵉ au 6ᵉ jour. On voit que le nombre de méristèmes produits en moyenne par plante (en ordonnées) augmente en fonction du nombre de jours écoulés depuis la germination (en abscisses) jusqu'à atteindre un palier au bout d'environ trois semaines. Les traitements appliqués aux plantes sont rappelés schématiquement par la ligne située au-dessous de la courbe de production de méristèmes : le stimulus est représenté par la flèche verticale et la période de privation de calcium par l'indentation vers le bas.

suivant l'administration du stimulus et la privation de calcium, jusqu'à atteindre une valeur palier. En revanche, les plantes seulement soumises au stimulus, ou seulement soumises à la privation temporaire de calcium, ne produisirent qu'un très petit nombre de méristèmes et, le plus souvent, pas du tout (non représenté sur la figure).

Techniquement, pour la détection et le dénombrement des méristèmes, les plantes étaient plongées dans un mélange fait de volumes égaux d'eau et d'alcool éthylique ; au bout de 24 heures de ce traitement, elles étaient suffisamment éclaircies pour que l'on puisse repérer et compter les méristèmes à l'aide d'un microscope optique à faible grossissement.

À nouveau, un stockage et un rappel d'information

Lorsque la privation de calcium, au lieu d'être appliquée immédiatement après le stimulus, était *retardée* de quatre ou huit jours, la production des méristèmes était retardée d'autant (fig. 4.4). Ce résultat s'interprète à nouveau par l'intervention de deux fonctions, « stockage » et « rappel » : le stimulus induit le stockage dans la plante d'une information de production de méristèmes ; mais cette information reste latente jusqu'à ce que la privation temporaire de calcium ait rendu les plantes aptes à rappeler l'information stockée et à l'exprimer par la production de méristèmes (Verdus *et al.*, 1996 et 1997). Le temps de latence (ou « période de mémorisation ») est, dans ce cas, le temps écoulé entre l'administration du stimulus et le début de la privation temporaire de calcium. Par ailleurs, les trois courbes de la figure 4.4 tendent manifestement vers le même palier (de l'ordre de 14 méristèmes par plante) ; on peut en déduire que les temps de latence de quatre et huit jours ne sont accompagnés d'aucune perte notable d'information.

Que la privation de calcium soit appliquée avant ou après la stimulation ne modifiait pas la production des méristèmes, ce qui signifiait qu'ici encore le stockage et le rappel de l'information de production de méristèmes fonctionnent de façon indépendante l'un de l'autre.

Propriétés de la fonction « stockage »

Des stimulus allant de la sécheresse au rayonnement des téléphones mobiles

Le stimulus de manipulation n'est pas le seul stimulus capable d'induire le stockage d'une information de production de méristèmes chez de jeunes plants de lin. Notre groupe a montré que des stimulus abiotiques divers (tels que la sécheresse, le vent, le froid et même l'irradiation par des rayonnements électromagnétiques à 0,90 GHz [longueur d'onde utilisée pour les téléphones mobiles] ou à 105 GHz) pouvaient avoir le même effet (Tafforeau *et al.*, 2002 et 2004).

Qu'un végétal puisse être sensible aux rayonnements de la téléphonie mobile a été confirmé depuis par les travaux d'Alain Vian, Françoise Paladian et leurs collaborateurs à l'université de Clermont (Roux *et al.*, 2006 ; Vian *et al.*, 2006). Il est difficile de comprendre l'origine de cette sensibilité de végétaux aux rayonnements électromagnétiques dans la bande 0,9-105 GHz. L'utilisation des téléphones mobiles est bien trop récente pour que les plantes aient eu le temps de s'adapter à leurs rayonnements ; de plus, on ne voit pas quel stimulus ou processus naturel aurait pu avoir un effet indirect mettant les plantes en mesure de percevoir ces rayonnements. Dans l'état actuel des choses, nous ne nous expliquons pas cette sensibilité. Nous

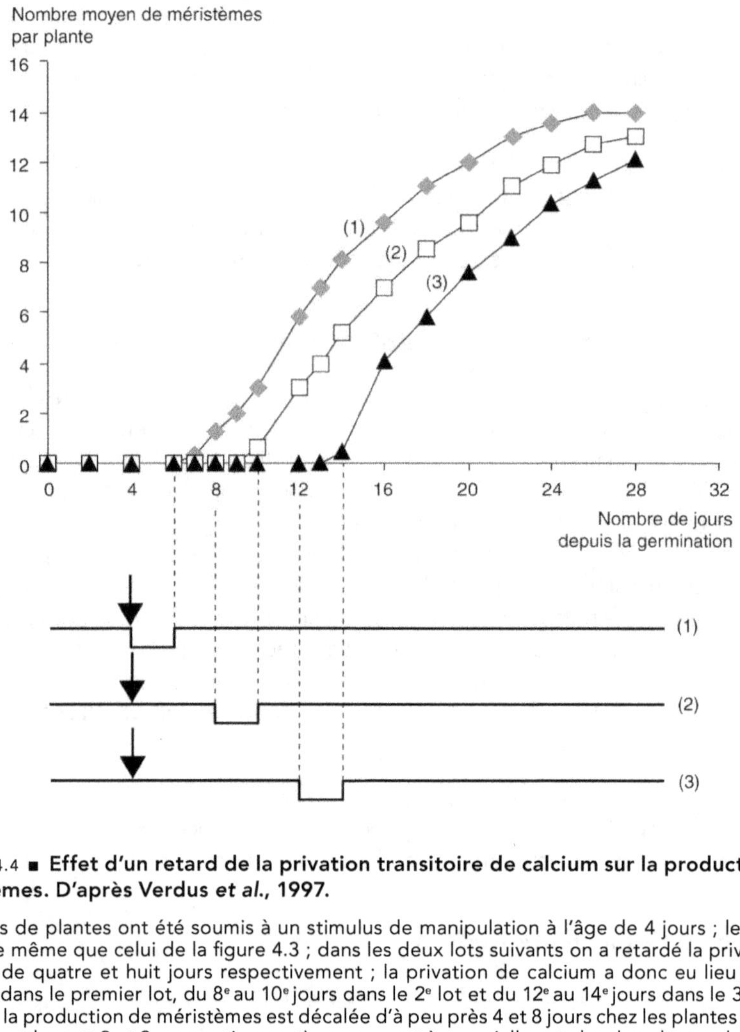

FIGURE 4.4 ▪ **Effet d'un retard de la privation transitoire de calcium sur la production de méristèmes. D'après Verdus *et al.*, 1997.**

Trois lots de plantes ont été soumis à un stimulus de manipulation à l'âge de 4 jours ; le premier lot est le même que celui de la figure 4.3 ; dans les deux lots suivants on a retardé la privation de calcium de quatre et huit jours respectivement ; la privation de calcium a donc eu lieu du 4ᵉ au 6ᵉ jours dans le premier lot, du 8ᵉ au 10ᵉ jours dans le 2ᵉ lot et du 12ᵉ au 14ᵉ jours dans le 3ᵉ lot. On voit que la production de méristèmes est décalée d'à peu près 4 et 8 jours chez les plantes des 2ᵉ et 3ᵉ lots (courbes nᵒˢ 2 et 3, respectivement) par rapport à ce qu'elle est chez les plantes du premier lot (courbe n° 1). Les traitements appliqués aux plantes sont rappelés schématiquement au-dessous des courbes avec les mêmes numéros et avec les symboles suivants : le stimulus est représenté par la flèche verticale et les périodes de privation de calcium par l'indentation vers le bas.

ne pouvons que la constater et ajouter que rien, dans nos expériences comme dans celles de l'équipe de Clermont, n'indique, ni d'ailleurs n'infirme, que l'exposition à ces rayonnements puisse avoir un effet délétère sur les végétaux.

Effet de stimulus successifs

Quelques expériences ont été consacrées à soumettre les plants de lins à plusieurs stimulus successifs, de natures différentes ou non. Par exemple, on a fait suivre un stimulus de manipulation d'une série de chocs de sécheresse à quelques jours d'intervalle (fig. 4.5). Il est apparu que, lorsque l'administration d'un premier stimulus était suivie de celle d'autres stimulus (de natures différentes ou non), la production de méristèmes était sensiblement augmentée par rapport à celle obtenue après administration du seul premier stimulus.

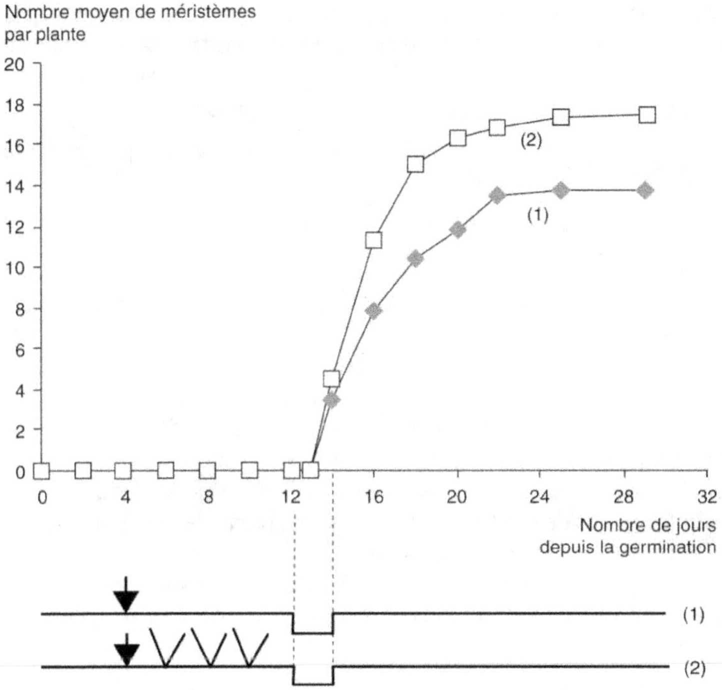

FIGURE 4.5 ■ **Effet de l'administration de plusieurs stimulus sur la production de méristèmes. D'après Verdus *et al.*, 1997.**

Deux lots de plantes ont été soumis à une privation de calcium du 12ᵉ au 14ᵉ jours. Auparavant, les plantes du 1er lot avaient subi un stimulus de manipulation au 4ᵉ jour ; les plantes du 2ᵉ lot avaient également subi un stimulus de manipulation au 4ᵉ jour, puis elles avaient subi trois stimulus de sécheresse aux 6ᵉ, 8ᵉ et 10ᵉ jours. On voit que les plantes du 2ᵉ lot (courbe n° 2) produisaient nettement plus de méristèmes que celles du premier lot (courbe n° 1) à toutes les dates de mesure. Les traitements appliqués aux plantes sont rappelés schématiquement au-dessous des courbes avec les mêmes numéros et avec les symboles : flèche verticale pour le stimulus de manipulation, pointes en V pour les stimulus de sécheresse, indentation vers le bas pour la période de privation de calcium.

Stockage d'information et élévation transitoire du calcium cytosolique

La présence, dans la solution nutritive des plants de lin, d'agents pharmacologiques bloquant la disponibilité ou l'absorption cellulaire du calcium empêche le stockage dans les plantes de l'information de production de méristèmes (Verdus *et al.*, 2007). Ce résultat est cohérent avec la constatation faite plus haut (p. 31) que la perception d'un stimulus est associée à une élévation du calcium dans le cytosol (laquelle correspond, au moins pour une part, à une absorption cellulaire de calcium). Il montre également que le stockage d'une information de production de méristèmes dépend aussi de cette élévation du calcium cytosolique.

De plus, l'application des mêmes agents pharmacologiques, après des intervalles de temps de quelques minutes *suivant* un stimulus, révèle l'existence d'une période de vulnérabilité pendant laquelle le stockage de l'information est empêché par la présence de ces agents pharmacologiques. Ensuite, au-delà de cette période de vulnérabilité, l'information est stockée, que les agents pharmacologiques soient présents ou non. Enfin, la période de vulnérabilité s'est révélée être de moins de deux minutes pour les stimulus mécaniques et de plus de cinq minutes pour les autres stimulus abiotiques dont nous avons fait usage (choc de froid, par exemple). Le stockage d'une information de production de méristèmes suite à l'administration de stimulus mécaniques serait donc particulièrement rapide.

Propriétés de la fonction « rappel »

Aptitude/inaptitude au rappel et privation/excès temporaires de calcium

On a vu plus haut qu'une privation temporaire de calcium rendait de jeunes plants de lin aptes à rappeler et exprimer une information stockée de production de méristèmes. Plus précisément, la teneur normale de la solution nutritive des plantes étant d'à peu près 90 mg de calcium par litre, il fallait que la teneur tombe à moins de 9 mg par litre pour que cette privation temporaire soit efficace ; par ailleurs, toujours pour que la privation temporaire de calcium soit efficace, il fallait que sa durée soit d'au moins une demi-journée (mais qu'elle n'excède pas trois jours pour ne pas affecter la bonne santé des plantes). Nous avons découvert aussi que, lorsqu'une privation temporaire de calcium avait rendu les plants de lin *aptes* à rappeler une information de production de méristèmes préalablement stockée, il suffisait de soumettre ces plants à un excès temporaire de calcium pour les rendre à nouveau *inaptes* à rappeler l'information stockée (Verdus *et al.*, 2012). L'excès temporaire de calcium s'obtenait, par exemple, en transférant les plants de lin pendant deux jours sur une solution nutritive contenant 270 mg de calcium par litre.

Au total, pour rendre les plants de lin réversiblement aptes/inaptes à rappeler une information stockée, nous n'avons pas trouvé d'autre moyen que de les soumettre à une modification temporaire de la concentration du calcium dans leur solution nutritive, en la diminuant (⟶ aptitude au rappel) ou en l'augmentant (⟶ inaptitude au rappel).

Rappel à diverses reprises d'une même information stockée

Deux expériences complémentaires apportèrent un résultat intéressant. Dans la première (fig. 4.6), de jeunes plants de lin, soumis à un stimulus de manipulation suivi d'une privation temporaire de calcium, produisirent des méristèmes épidermiques dans leur hypocotyle comme à l'habitude (courbe n° 1). Mais, lorsque cette production de méristèmes fut arrivée quasiment à sa valeur palier, l'administration d'une seconde privation temporaire de calcium provoqua la reprise de la production de méristèmes (courbe n° 2).

Dans la deuxième expérience (fig. 4.7), de jeunes plants de lin, soumis à un stimulus de manipulation immédiatement suivi d'une privation temporaire de calcium, produisirent des méristèmes comme à l'accoutumée (courbe n° 1). Lorsque des plantes initialement traitées exactement comme celles-là (stimulation immédiatement suivie de la privation de calcium) furent ensuite soumises à un excès temporaire de calcium supprimant l'aptitude au rappel, cela interrompit la production de méristèmes (courbe n° 2). Enfin, lorsque des plantes initialement traitées exactement comme ces dernières (stimulation immédiatement suivie de la privation de calcium, puis excès de calcium) furent ensuite soumises à une nouvelle privation de calcium restituant l'aptitude au rappel, cela provoqua la reprise de la production des méristèmes (courbe n° 3).

Ces deux expériences s'accordent à montrer qu'à nouveau, il est possible de rappeler plusieurs fois (à tout le moins deux fois) une information stockée. Nous reviendrons sur ce résultat lors de la comparaison des mémoires végétales avec les mémoires animales et humaines (chap. 6).

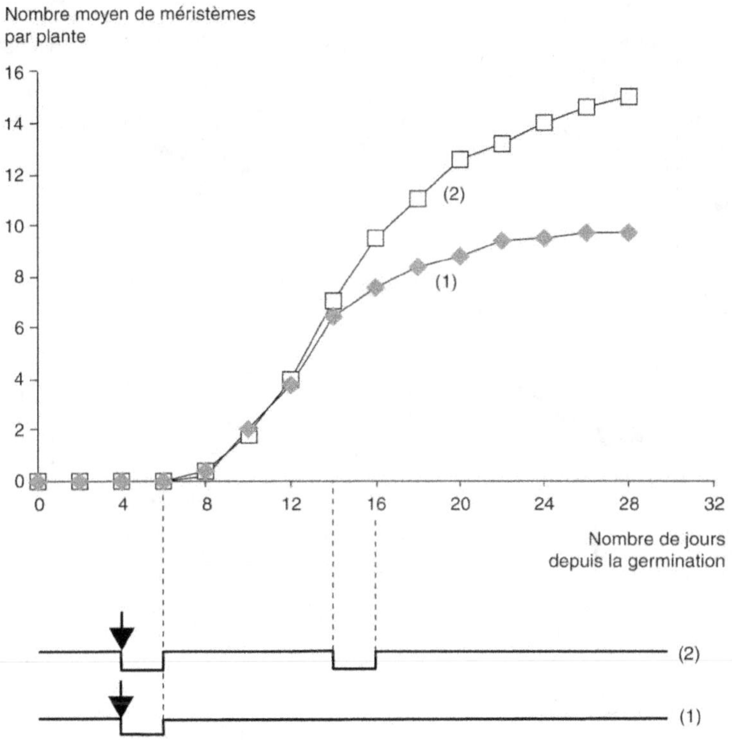

FIGURE 4.6 ■ **Effet d'une seconde privation de calcium sur la production de méristèmes par de jeunes plants de lin préalablement stimulés. D'après Verdus *et al.*, 2012.**

Deux lots de plantes ont été soumis à un stimulus de manipulation à l'âge de 4 jours ; dans le 1er lot, les plantes ont subi une seule privation de calcium du 4e au 6e jours ; dans le 2e lot, les plantes ont également subi une privation de calcium du 4e au 6e jours, puis une seconde privation de calcium du 14e au 16e jours. On voit que la production de méristèmes, qui atteignait normalement son palier chez les plantes du premier lot (courbe n° 1), repartait énergiquement chez les plantes du 2e lot dès le début de la seconde privation de calcium (courbe n° 2). Comme dans les figures précédentes, les traitements appliqués aux plantes sont rappelés schématiquement au-dessous des courbes avec les mêmes numéros et les mêmes symboles.

Mémoire et rythmes vitaux

La production de méristèmes dépend de la période de l'année où l'on fait les expériences. C'est ce qui explique que les paliers des courbes (1) dans les figures 4.4 à 4.7 (courbes correspondant à des expériences analogues effectuées à des époques différentes) ne soient pas les mêmes. Qui plus est, pendant la période d'avril à juin, le nombre total de méristèmes produits est toujours beaucoup plus grand que pendant les autres périodes de l'année. Toutefois, le rapport du nombre de méristèmes produits chez les plantes qui ont été à la fois stimulées et soumises à la privation de calcium avec celui chez les plantes non stimulées ou non soumises à la privation de calcium, reste toujours élevé et au moins égal à dix.

Tout cela suggère à nouveau que le processus de mémorisation pourrait être associé à un rythme de la plante (rythme annuel cette fois-ci), mais sans qu'il soit facile de déterminer, dans le cas présent, si c'est plutôt le stockage ou le rappel d'information qui est lié à ce rythme.

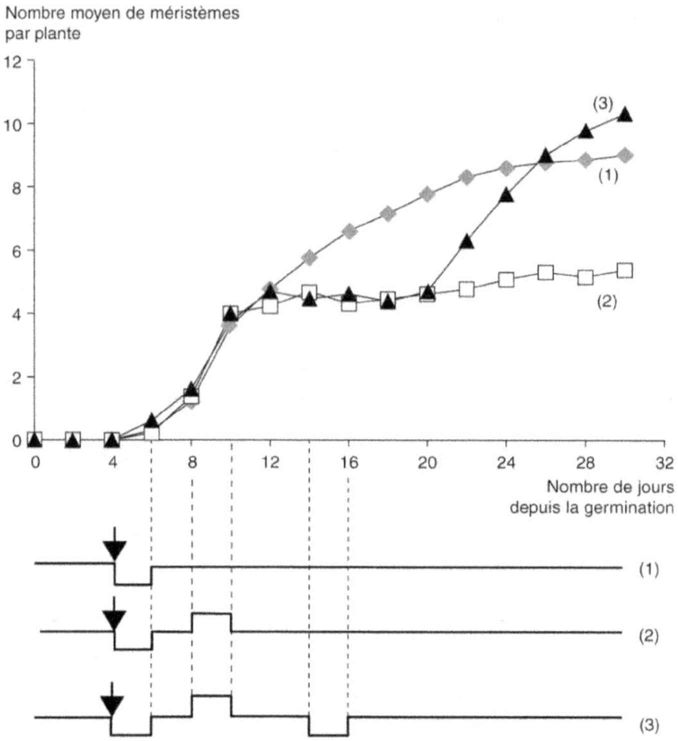

FIGURE 4.7 ■ **Effet de combinaisons de privations et d'excès de calcium sur la production de méristèmes par de jeunes plants de lin préalablement stimulés. D'après Verdus *et al.*, 2012.**

Trois lots de plantes ont été soumis à un stimulus de manipulation à l'âge de 4 jours ; dans le 1er lot, les plantes ont subi une privation de calcium du 4e au 6e jours ; dans le 2e lot, elles ont également subi une privation de calcium du 4e au 6e jours, puis elles ont subi un excès de calcium du 8e au 10e jours ; dans le 3e lot elles ont subi privation et excès de calcium comme dans le 2e lot puis une nouvelle privation de calcium du 14e au 16e jours. On voit que la production de méristèmes, qui atteignait normalement son palier chez les plantes du premier lot (courbe n° 1), était presque totalement bloquée après l'excès de calcium chez celles du deuxième lot (courbe n° 2) mais qu'elle repartait énergiquement après la deuxième privation de calcium chez celles du troisième lot (courbe n° 3). Comme dans les figures précédentes, les traitements appliqués aux plantes sont rappelés schématiquement au-dessous des courbes avec les mêmes numéros et avec les symboles : flèche verticale pour le stimulus, indentation vers le bas pour les périodes de privation de calcium et indentation vers le haut pour la période d'excès de calcium.

Mémoire et protéome

La technique de l'électrophorèse 2D[23] a permis d'étudier l'équipement en protéines de jeunes plants de lin selon les traitements auxquels ils avaient été soumis (Tafforeau *et al.*, 2002 et 2006). La stimulation des jeunes plants a provoqué l'apparition de nouveaux *spots* ainsi que des déplacements de *spots* (dus, par exemple à une phosphorylation de la protéine correspondante). Certains de ces changements protéiques étaient précoces et transitoires alors que

23. Lorsque l'on dispose d'un extrait contenant des protéines, par exemple d'un extrait de protéines solubles provenant d'un tissu végétal, on peut séparer (et éventuellement identifier) ces protéines par électrophorèse 2D (ou « électrophorèse à deux dimensions »). Cette technique consiste à faire migrer (de haut en bas et de gauche

d'autres étaient plus tardifs et de plus longue durée. Certains étaient communs à différents stimulus et d'autres spécifiques des stimulus de contact, de froid ou d'irradiation par rayonnements électromagnétiques.

La privation de calcium a également provoqué quelques déplacements de *spots* et l'apparition de quelques nouveaux *spots* dans les électrophorèses.

Une augmentation d'activités peroxydasiques liée à la mémoire

L'étude de la mémorisation d'une augmentation d'activités enzymatiques peroxydasiques fut effectuée sur des cultures de tissus obtenues à partir d'entre-nœuds de bryone stimulés par frottement à l'aide d'un fin pinceau (cf. p. 23-24), ou non stimulés (témoins).

Les cultures de tissus étaient préparées selon la méthode mise au point par Roger Gautheret (1935). Pour cela, on utilise des tubes de verre contenant une solution nutritive gélosée aseptique (pour ce qu'on appelle une culture *in vitro*). Dans chaque tube, on implante un fragment d'un entre-nœud stimulé ou témoin, et l'on ferme le tube par un bouchon de coton (toujours en conditions aseptiques). Dans chaque fragment d'entre-nœud implanté, des cellules se dédifférencient et se divisent en formant un amas plus ou moins anarchique de cellules de type embryonnaire (ou culture de tissus). Au bout d'un mois, on fragmente cet amas et on repique les fragments dans de nouveaux tubes. Les fragments redonnent autant de nouveaux amas anarchiques, que l'on fragmente à leur tour au bout d'un mois, et ainsi de suite, tous les mois. Chacune de ces étapes s'appelle une sous-culture.

On rappelle qu'un certain nombre d'activités peroxydasiques augmentent dans les entre-nœuds de bryone stimulés par rapport aux entre-nœuds non stimulés (cf. p. 24). Ces activités accrues se retrouvent dans les premières sous-cultures dérivées des entre-nœuds stimulés, puis elles retombent aux niveaux des activités existant dans les entre-nœuds non stimulés et les sous-cultures qui en dérivent, les unes au bout d'un petit nombre de sous-cultures et les autres plus tardivement (Bourgeade *et al.*, 1989). Dans ces expériences, la période de mémorisation peut donc atteindre plusieurs mois, tout en étant variable selon les différents types de peroxydases. Tout se passe comme si les entre-nœuds et les sous-cultures qui en dérivent stockaient pendant un temps une information d'augmentation des activités peroxydasiques tout en étant spontanément aptes à rappeler cette information.

On ne dispose encore pas de résultats expérimentaux permettant de déterminer si le retour des activités peroxydasiques au niveau d'avant la stimulation est dû au fait que l'information stockée finit par disparaître ou au fait que l'échantillon devient inapte à continuer de rappeler cette information.

à droite sur un support plan approprié) les protéines contenues dans une goutte de l'extrait, sous l'effet de la migration d'un solvant en présence ou non d'un champ électrique. En effet, les différentes protéines migrent alors plus ou moins rapidement selon leur masse moléculaire et leur charge électrique, et se répartissent en taches (ou *spots*) sur toute la surface du support. Lorsque l'on compare deux extraits, la présence de certains *spots* dans l'électrophorèse de l'un des extraits et non de l'autre révèle que les protéines correspondantes ont été synthétisées dans le tissu d'où provient le premier extrait et non dans l'autre. Le déplacement d'un *spot* révèle que la protéine correspondante existe dans les deux extraits mais qu'elle a subi une modification (dite post-traductionnelle) dans l'un des tissus d'où proviennent les extraits.

CHAPITRE 5

QUAND LES PLANTES « APPRENNENT »

Quelques exemples de mémoires végétales liées à l'apprentissage

Dans le cas des mémoires végétales liées à l'apprentissage, on a vu que la perception d'un premier stimulus ou d'un train de stimulus modifie (en plus ou en moins) l'intensité de la réponse à un nouveau stimulus. Parfois, il arrive que la façon dont des plantes préalablement stimulées modifient leur réponse à de nouveaux stimulus s'observe dès l'invasion du cytosol par le calcium.

Lorsque de jeunes plants de tabac (*Nicotiana plumbaginifolia*) sont brusquement soumis à l'action du vent, comme à l'habitude ils y répondent par une augmentation quasi immédiate de leur calcium cytosolique ; mais lorsqu'ils sont soumis à une série de coups de vent successifs, ils cessent pendant une minute environ de faire cette réponse calcique à un nouveau coup de vent (Knight *et al.*, 1992).

Chez de jeunes arabettes (*Arabidopsis thaliana*), l'augmentation du calcium cytosolique induite par un choc de froid est atténuée lorsque ce choc vient à la suite de traitements par le froid prolongés ou répétés (Plieth *et al.*, 1999).

Toujours chez de jeunes arabettes, un stress (dit hyper-osmotique) que l'on obtient en ajoutant à leur milieu nutritif une forte concentration d'une substance non absorbable par ces plantes, provoque une augmentation quasi immédiate de leur calcium cytosolique ; cette réponse est augmentée chez les plantes ayant déjà subi un traitement hyper-osmotique, alors qu'elle est amoindrie chez les plantes préalablement soumises à un traitement fortement oxydant, dit stress oxydatif (Knight *et al.*, 1998).

Il arrive aussi que l'effet d'un premier stimulus (ou d'un train de stimulus) s'observe au niveau de la réponse terminale à un/des nouveau(x) stimulus.

Les premières feuilles des jeunes Poacées (ex Graminées) sont enfermées dans une sorte de gaine formant ce qu'on appelle leur coléoptile. Lorsque des Poacées sont disposées de façon telle que leur coléoptile (qui est naturellement orienté verticalement) passe en position horizontale, elles subissent un stimulus gravitropique qui entraîne la courbure de la pointe du coléoptile vers le haut[24]. Si l'on modifie à nouveau la position de ces plantes de façon à

24. On pourra se référer aux expériences déjà exposées sur la figure 2.2 et dans le texte correspondant.

orienter la pointe du coléoptile vers le bas, cette pointe subit un nouveau stimulus gravitropique. Tant que l'intervalle de temps entre les deux stimulus est inférieur à 90 minutes, le second stimulus entraîne à nouveau la courbure de la pointe du coléoptile vers le haut. Mais, au-delà de ce temps, l'effet du second stimulus ne peut plus contrecarrer celui du premier et la pointe du coléoptile continue de pousser vers le bas (Nick & Schäfer, 1988).

La fermeture des lobes d'une feuille de dionée attrape-mouche peut être provoquée artificiellement par l'administration d'un unique stimulus électrique de valeur supérieure ou égale à un certain seuil. Cependant, une série de faibles stimulus électriques (dont chacun est inférieur à la valeur seuil) provoque également la fermeture des lobes dès que leur somme atteint ou dépasse la valeur seuil (Volkov *et al.*, 2008).

Bien que les micro-organismes que l'on appelait autrefois des « algues bleues » soient maintenant considérés comme des bactéries photosynthétiques (ou cyanobactéries) et non plus des plantes, on signalera le cas des cellules d'*Anabaena variabilis*. Lorsque ces cellules sont soumises à un traitement consistant à les faire passer d'un milieu nutritif pauvre en phosphate à des milieux où l'on en augmente graduellement la concentration, elles s'adaptent rapidement aux nouvelles conditions en diminuant l'activité de leurs transporteurs cellulaires du phosphate[25]. Or la façon dont elles s'adaptent à ces nouvelles conditions se fait selon des modalités qui dépendent des conditions de nutrition en phosphate auxquelles ces cyanobactéries ont été antérieurement soumises (Falkner & Falkner, 2003).

Au total, on voit sur ces quelques exemples que les mémoires de type « apprentissage » présentent dans le détail une assez grande diversité de fonctionnement.

Mémoires liées à l'apprentissage *vs* mémoires de type « stockage/rappel »

Rappelons que, dans ce qui précède, nous avons vu qu'une propriété fondamentale des mémoires de type « stockage/rappel » est qu'il est en général facile de manipuler la fonction « rappel » de façon à rendre les plantes réversiblement aptes/inaptes à rappeler une information stockée ; alors qu'avec les mémoires de type « apprentissage », il semble que, s'il existe une fonction « rappel », celle-ci est toujours bloquée dans une position rendant les plantes aptes à rappeler une éventuelle information stockée. Par ailleurs, il est apparu que la caractéristique distinctive de ces mémoires de type « apprentissage » est qu'après perception d'un ou plusieurs stimulus, les plantes modifient leur façon de réagir à une nouvelle perception du même ou parfois d'un autre stimulus.

Toutefois, nous avons également signalé qu'il existait des cas de mémoire de type « stockage/rappel » dans lesquels la fonction « rappel » se trouvait bloquée de façon à rendre les plantes toujours aptes ou toujours inaptes à rappeler une information stockée ; ou bien dans lesquels l'information stockée suite à la perception d'un stimulus pouvait être modifiée suite à la perception d'autres stimulus.

25. Le lecteur pourra se reporter en annexe 2 pour la définition des transporteurs.

Ainsi, il y a des cas de mémoire végétale où il est difficile de distinguer si elle est du type « stockage/rappel » ou du type « apprentissage ». Cela serait plutôt cohérent avec l'idée que les mémoires de types « stockage/rappel » et « apprentissage » ne sont pas fondamentalement différentes l'une de l'autre mais ne seraient que deux manifestations d'un même processus.

Pour la commodité, dans ce qui suit, nous conserverons la distinction entre mémoires de type « stockage/rappel » et « apprentissage », mais en nous rappelant qu'il n'est pas évident pour autant que les mécanismes sous-jacents soient totalement différents.

Chapitre 6

MÉMOIRE VÉGÉTALE ET MÉMOIRE ANIMALE OU HUMAINE

Rappel de quelques aspects des mémoires animales ou humaines

Pour discuter des ressemblances et des différences de la mémoire des plantes avec la nôtre, commençons par résumer quelques aspects de la mémoire des animaux (Lodish *et al.*, 2000).

Chez nombre d'animaux et chez les humains, la mémoire met en jeu des mécanismes de type « mémorisation/évocation » : des informations (relatives à des objets, des évènements, des sensations, etc.) sont stockées en mémoire (mémorisation) puis elles peuvent être rappelées à la conscience (évocation) à un ou plusieurs moments ultérieurs. C'est ainsi que le *Petit Robert* indique, comme définition courante de la mémoire, que c'est « la faculté de conserver et de rappeler des états de conscience passés [...] ». Lorsque les personnes âgées commencent à ne plus trouver les mots dont elles ont besoin pour s'exprimer, elles se plaignent couramment de « perdre la mémoire » ; à la vérité, ce n'est pas tellement la mémorisation qui est affectée (le souvenir des mots est toujours bien présent quelque part dans leur cerveau) mais c'est l'évocation qui commence à dysfonctionner.

À côté de la mémoire de type « mémorisation/évocation », l'apprentissage est un processus par lequel les animaux modifient leur comportement à la suite d'expériences ou de l'acquisition d'informations relatives à leur environnement. Les comportements acquis par apprentissage peuvent à leur tour être stockés en mémoire et rappelés. Les formes les plus élémentaires de l'apprentissage ont été étudiées chez certains animaux inférieurs tels que l'aplysie, mollusque marin, parfois dit lièvre de mer (Bailey & Chen, 1983). Une première modalité d'apprentissage est l'accoutumance (on dit encore familiarisation ou habituation), processus par lequel l'animal apprend à ignorer un stimulus inoffensif. Par exemple, si l'on soumet une aplysie à un train de petits jets d'eau ou de petits attouchements, elle se rétracte lors du premier stimulus mais ne réagit pratiquement plus au dixième ; et si l'on soumet l'animal à plusieurs trains successifs de ces petits stimulus, l'accoutumance peut se prolonger pendant plusieurs semaines. Une deuxième modalité, à l'inverse de la précédente, est la sensibilisation. Si l'on soumet l'aplysie à une série de chocs plus énergiques, sans doute ressentis comme douloureux, elle finit par se rétracter de façon plus violente que lors du premier choc.

L'accoutumance comme la sensibilisation ne se manifestent pas seulement dans la réponse ultime de l'animal, mais aussi dans les étapes nerveuses et métaboliques qui conduisent à cette réponse terminale. Des réponses d'apprentissage ont également été observées chez des animaux plus évolués (comme les souris ou les rats). Même pour nous, les humains, notre comportement de tous les jours est, au moins pour une part, le résultat de processus d'accoutumance et de sensibilisation.

La mémoire peut être à court ou à long terme. Lorsque l'on a besoin de chercher dans l'annuaire un numéro de téléphone inconnu, on l'oublie sitôt le numéro composé. À l'opposé, chacun a l'expérience de souvenirs parfois fort anciens dont on se rappelle pourtant le détail. Le fonctionnement des mémoires à long terme implique la biosynthèse d'ARNm et de protéines spécifiques (cf. annexe 2), ce qui ne semble pas être le cas pour les mémoires à court terme car ces dernières fonctionnent en présence d'inhibiteurs de la biosynthèse des protéines. Chez les animaux supérieurs et les humains, la mémoire des faits et des évènements n'est pas acquise immédiatement sous une forme stabilisée à long terme. Elle doit passer par un processus de consolidation avant qu'elle ne devienne solidement fixée (Dudai, 2004 ; Lesburguères *et al.*, 2011). Ce processus implique des transferts de signaux entre structures cérébrales (à savoir l'hippocampe et le néocortex), ce qui demande un certain temps.

Mémoire végétale *vs* mémoire animale

On a vu qu'il existait, chez les plantes, des mémoires de type « apprentissage » dans lesquelles les réponses sont plus ou moins complexes mais ressemblent parfois à l'accoutumance ou à la sensibilisation des animaux. Par exemple, l'affaiblissement de l'élévation du calcium cytosolique, observé chez un tabac soumis au vent après avoir subi une série de coups de vent, ainsi que chez une arabette soumise à un choc de froid après un traitement prolongé par le froid, donnent de bons exemples d'accoutumance. À l'inverse, nous avons relaté un effet de type « sensibilisation » lorsque l'élévation du calcium cytosolique chez des arabettes soumises à un stress hyper-osmotique s'est trouvée augmentée après que les plantes ont été préalablement soumises à des traitements hyper-osmotiques. Dans ces trois cas, les effets d'accoutumance et de sensibilisation observés se sont manifestés dès une étape métabolique (ici, l'élévation du calcium cytosolique) antérieure à la réponse terminale, comme nous venons de voir que cela peut se produire aussi chez les animaux.

Chez un végétal, les mémoires de type « stockage/rappel » (chap. 3 et 4) jouent un rôle un peu équivalent à celui que jouent les mémoires de type « mémorisation/évocation » chez les animaux ; et, toujours comme chez les animaux, les informations stockées peuvent être rappelées plusieurs fois. Ces mémoires sont des mémoires à relativement long terme (de quelques jours à quelques mois). Comme chez les animaux, le transport éventuel de l'information est associé à la propagation d'ondes de dépolarisation électrique, son stockage met en jeu des biosynthèses de protéines et la mémorisation doit passer par un processus de consolidation (mis en évidence par l'existence d'une période de vulnérabilité à l'action de certains agents pharmacologiques) avant d'être acquise de façon stable.

On trouve donc un nombre surprenant de manifestations communes aux mémoires animales et végétales. Mais il s'agit-là de convergences au niveau fonctionnel plutôt que de véritables similitudes, car les mécanismes à la base de ces propriétés ne sont pas les mêmes. C'est ainsi, par exemple, que, chez les plantes, la propagation d'ondes électriques se fait au niveau de cellules du liber (beaucoup moins spécialisées que ne le sont les neurones des animaux), qu'elle est considérablement plus lente que dans le cas des nerfs et que les ions impliqués ne sont pas les mêmes. De plus, chez les plantes, la consolidation des mémoires à long terme se fait au moment de l'élévation de la teneur en calcium cytosolique dans des cellules apparemment banales, et sans qu'il intervienne quoi que ce soit de comparable aux structures cérébrales spécialisées (hippocampe, néocortex) qui sont mises en jeu chez les animaux supérieurs.

Enfin, n'oublions pas une différence fondamentale. Les animaux conservent la mémoire des faits, objets, évènements, sensations tels qu'ils les ont individuellement perçus. En revanche, nous avons vu que, chez les végétaux, seules les premières étapes suivant la perception d'un stimulus (par exemple, les modalités de l'élévation du calcium cytosolique, quelques modifications et biosynthèses de protéines) sont spécifiques du stimulus perçu, alors que ce qui est finalement stocké en mémoire est plutôt une sorte d'*instruction* quant à la réponse métabolique et/ou morphogène à faire à ce stimulus (spécification de la dominance entre bourgeons cotylédonaires, réduction de l'allongement journalier de l'hypocotyle, production de méristèmes épidermiques, augmentation d'activités enzymatiques peroxydasiques).

Au total, certes les plantes ont de la mémoire, mais cette mémoire n'est pas de même nature que la nôtre.

Chapitre 7

UNE MÉMOIRE VÉGÉTALE, MAIS POUR QUOI FAIRE ?

Réponses directes *vs* mémorisation

Lorsqu'une plante perçoit un stimulus, il est fréquent qu'elle y fasse une réponse directe, c'est-à-dire une réponse sans période de latence et indépendante de son histoire. C'est ainsi que, dans beaucoup des cas de stimulus/réponse qui ont été décrits au chapitre 2 (comme chez la dionée et la sensitive), on avait affaire à des réponses directes. L'intérêt principal d'une réponse directe est dans sa rapidité. C'est ce qui permet à une dionée de capturer un insecte dont elle a détecté la présence dans un de ses pièges, sans laisser à la proie le temps de s'enfuir. C'est aussi ce qui permet à un végétal de répondre à une agression avant que l'agresseur n'ait eu le temps de faire des dégâts trop importants. Au total, nombreuses sont les situations dans lesquelles une réponse directe constitue pour une plante un excellent moyen de réagir à une stimulation de l'environnement.

Pourtant, nous avons vu aussi que l'on trouvait une capacité de mémorisation chez toutes les espèces végétales où on l'avait cherchée. C'était le cas de l'arabette, la dionée, les Poacées et le tabac pour les mémoires de type « apprentissage », et de la bident, la bryone, le lin et la tomate pour celles de type « stockage/rappel ». Il est donc probable que la faculté de mémorisation soit une propriété commune à de nombreuses plantes, si ce n'est toutes. Or, si la sélection naturelle a doté les plantes de mémoire, c'est sans doute qu'il y avait là un avantage adaptatif. À quoi la mémoire peut-elle bien servir aux plantes ?

Bénéfices qu'une plante peut retirer de mémoires de type « apprentissage »

Même s'il est bien possible que les mémoires de types « apprentissage » et « stockage/rappel » ne soient finalement que deux variantes d'un même mécanisme fondamental, il reste commode d'en discuter séparément les avantages potentiels.

Que la possession d'une mémoire de type « apprentissage » puisse représenter un avantage pour les végétaux est facile à comprendre. Une réponse directe est par nature automatique, stéréotypée et indifférente à ce qui peut se passer ailleurs dans la plante ou s'être passé antérieurement. L'implication d'une mémoire de type « apprentissage » conserve la rapidité de réaction d'une réponse directe, tout en permettant de moduler l'intensité de la réponse, en plus ou en moins, selon le/les stimulus précédemment perçus.

En particulier, dans le cas d'un effet d'accoutumance, la répétition d'un stimulus inoffensif conduit la plante à diminuer l'intensité de la réaction à un nouveau stimulus de même nature, ce qui peut aller jusqu'à annuler cette réaction. À l'opposé, dans le cas d'un effet de sensibilisation, la répétition d'un stimulus dangereux entraîne la plante à augmenter la célérité et l'intensité de la réponse à faire à une nouvelle manifestation du même stimulus. De plus, du fait de la diversité de fonctionnement des mémoires de type « apprentissage », qui se manifeste clairement dans les quelques exemples décrits et sur laquelle nous reviendrons (p. 80), les réponses qui leur sont associées doivent pouvoir encore mieux s'ajuster aux caractéristiques des plantes, des stimulus et de l'environnement qu'il n'apparaît dans ces cas extrêmes.

Pourquoi stocker une information plutôt que de mémoriser un stimulus ?

Essayons d'abord de comprendre pourquoi les plantes stockent une information relative à la réponse à faire aux stimulus qu'elles perçoivent, plutôt que de mémoriser ces stimulus eux-mêmes comme le font les animaux. Les animaux étant des êtres mobiles, on conçoit aisément qu'ils aient besoin de se rappeler les lieux, les évènements, les sensations, etc., pour s'y retrouver dans l'espace et le temps au cours de leurs déplacements. En revanche, les végétaux n'ayant aucun moyen de se déplacer pour assurer leur nutrition, échapper à leurs prédateurs et, plus généralement, rechercher les meilleures conditions d'environnement possibles, chaque plante doit parvenir à s'ajuster aux conditions et aux agressions rencontrées à l'endroit où est tombée la graine dont elle est issue (fig. 7.1). Une plante qui n'y parvient pas dépérit et, le plus souvent, meurt. On a vu que, dans un premier temps, les plantes réagissaient, par d'éventuelles modifications ou synthèses précoces de protéines, de façon assez spécifique à chacun des stimulus qu'elles avaient perçus. Mais on ne voit pas quel avantage cela pourrait représenter pour elles de poursuivre dans la voie de la spécificité, et de stocker en mémoire la myriade de stimulus perçus au cours du temps ? En revanche, si la mémoire contribue à permettre à un végétal d'élaborer une réponse adaptée aux conditions régnant à l'endroit où il se trouve, cela peut, à l'évidence, lui être profitable[26].

Lorsque de nouveaux stimulus sont perçus pendant la période de mémorisation d'un premier stimulus, on a vu que cela pouvait modifier l'information stockée quant à l'intensité de la réponse (fig. 4.5). Il ne serait pas surprenant que cela puisse aussi modifier l'information stockée quant à la nature même de la réponse. Ainsi, les mémoires de type « stockage/rappel » pourraient permettre aux plantes de progressivement mettre au point une réponse intégrée, moyennée par rapport aux divers stimulus, et leur fluctuations, perçus au cours du temps. De plus, la fonction « rappel » impose que l'information stockée ne soit pas exprimée n'importe quand, mais seulement lorsque des stimulations appropriées ou les conditions environnementales du moment en permettent le rappel. Ceci donne une possibilité de synchroniser

26. Pour confirmer (ou infirmer) ce point de vue, il serait intéressant d'étudier s'il existe des mémoires de type « stockage/rappel » chez les quelques animaux fixés dont on connaît l'existence (par exemple, anatifes, balanes, coraux), et, dans ce cas, de voir si ces mémoires stockent le souvenir des stimulus eux-mêmes (comme le font les animaux libres) ou les réponses à faire à ces stimulus (comme le font les végétaux).

FIGURE 7.1 ■ **Une plante doit parvenir à s'acclimater aux conditions régnant à l'endroit où elle a poussé. Photo : Anne-Lise Prodel.**

Ici *Cymbalaria muralis*, appelée aussi Ruine-de-Rome, sur un mur vertical où est tombée la graine dont elle est issue.

l'expression de l'information stockée avec le déroulement d'autres processus dans la plante, y compris ceux contrôlés par les rythmes circadiens ou annuels. L'éventualité qu'une plante se trouve bloquée en situation apte ou inapte au rappel d'une information stockée constitue des cas limites où cette information est toujours/jamais exprimée, quels que soient les autres processus en cours dans la plante. Enfin, la possibilité qu'une même information stockée soit rappelée à plusieurs reprises donne à la plante la possibilité d'ajuster l'expression de l'information stockée au déroulement de processus différents et/ou se produisant à des moments différents à l'intérieur d'elle-même.

Au cours des chapitres 3 et 4, il est apparu que les propriétés caractéristiques des fonctions « stockage » et « rappel » n'étaient pas les mêmes dans les quatre exemples de mémoires de type « stockage/rappel » que nous avons décrits. Ces mémoires ont donc une notable diversité de comportement. Par exemple, on a vu qu'à la suite d'un stimulus dissymétrique de piqûres, la bident stockait une information entraînant, dans les jours qui suivent la germination, une réponse symétrique et dont l'intensité dépendait de l'intensité du stimulus pour ce qui est de la réduction de l'allongement de l'hypocotyle ; alors qu'elle stockait, un peu plus tard, une information entraînant une réponse dissymétrique (de spécification de la dominance) et de « tout ou rien » quant à la croissance relative des bourgeons cotylédonaires. Plus généralement, disons qu'une plante peut stocker des informations différentes, et par conséquent faire des réponses différentes, dans ses différents tissus et/ou à différents moments de sa croissance.

Pourquoi associer deux types de mémoire ?

Il est vraisemblable que les végétaux possèdent à la fois les deux formes de mémoire, « stockage/rappel » et « apprentissage », et que ces deux formes fonctionnent de façon plus ou moins interconnectée. S'il en est bien ainsi, cela donne aux plantes la possibilité :

- *d'optimiser leur comportement métabolique et morphogène* de façon à ajuster leur phénotype aux conditions environnementales, spécialement climatiques, régnant à l'endroit où elles poussent (mémoire de type « stockage/rappel ») ;
- *d'optimiser leur arsenal de défense* en répondant immédiatement à un stimulus jusque-là inconnu, ou, lorsqu'elles sont soumises à des répétitions du même stimulus (mémoire de type « apprentissage »), en amenuisant leur capacité de réponse aux stimulations inoffensives et en augmentant la rapidité et l'efficacité de leur réponse aux stress et agressions les plus dangereux ;
- *de pondérer* l'importance relative de ces deux tendances à l'optimisation.

Trois aveugles, un éléphant et quelques écologues à la rescousse

Le dilemme de la méthode expérimentale

Il reste cependant que l'intérêt adaptatif des réponses terminales que nous avons observées est parfois problématique. Que la bident ou la bryone puissent stocker en mémoire une information d'inhibition de l'allongement n'a rien de surprenant : on sait que les plantes réagissent au vent ou au contact par une réduction de leur taille, ce qui leur permet, respectivement, de mieux résister aux bourrasques ou de s'accrocher aux buissons environnants au cours de leur croissance. Mais à quoi cela peut-il servir à une plante de stocker une information de production de méristèmes après avoir subi une stimulation accompagnée d'une privation de calcium ? En quoi surtout, la capacité de mémoriser une information de spécification de la dominance entre bourgeons cotylédonaires peut-elle constituer un avantage adaptatif ?

Autorisons-nous un détour par l'apologue des « trois aveugles et l'éléphant » (fig. 7.2). On raconte qu'un montreur de curiosités accompagné d'un éléphant pénétra jadis dans un bourg reculé. Les habitants vinrent en foule examiner le pachyderme. Parmi eux, il y avait trois aveugles qui entreprirent de le tâter pour s'en faire une représentation, puisqu'ils ne pouvaient pas le voir. Le premier, qui arriva par l'arrière, s'empara de la queue et trouva que la bête avait des formes grêles ; le deuxième, qui se trouva devant l'animal, attrapa la trompe et conclut que cet animal avait de la souplesse ; enfin le troisième, arrivant par le côté, toucha une patte et en déduisit que c'était un être à la constitution massive. Les observations des trois aveugles étaient correctes. Mais elles étaient partielles, n'avaient aucune raison de représenter les caractéristiques principales de l'animal, et dépendaient de la façon dont les aveugles avaient expérimenté (ici, en se plaçant devant, derrière ou à côté de l'éléphant).

En cherchant à comprendre la mémoire des plantes, nous sommes comme les trois aveugles autour de leur éléphant. Limités par les moyens d'investigation dont ils disposaient, les aveugles ne pouvaient atteindre le phénomène « éléphant » dans sa globalité. Nous nous

FIGURE 7.2 ■ **Les trois aveugles et l'éléphant. Dessin : Yannick Kerdudou.**

trouvons, de manière un peu semblable, limités par les impératifs mêmes de la méthode expérimentale. Celle-ci consiste à « réduire » le système étudié, c'est-à-dire à ne faire varier qu'un seul ou quelques-uns de ses paramètres en contrôlant les autres aussi rigoureusement qu'il est possible. Pour décrypter les caractéristiques de la mémoire des végétaux, il a bien fallu travailler sur des plantes maintenues en laboratoire, dans des conditions largement artificielles et rarement (si ce n'est jamais) rencontrées dans la nature. Il n'est pas étonnant que les plantes, soumises à des contraintes inhabituelles, y aient fait des réponses qui nous paraissent incongrues, et qui nous ont laissé aveugles à ce que l'on aurait observé si l'on avait pu opérer en conditions complètement naturelles.

On voit le dilemme : il faut s'imposer des conditions souvent drastiques pour faire une « bonne » expérimentation ; mais la connaissance que l'on tire de cette expérimentation est inséparable des conditions expérimentales que l'on s'est imposées ! Tentons un raisonnement qui permettrait d'en sortir. Nous avons constaté que la mémoire des plantes, tout en étant très différente de celle des animaux, n'en était pas moins complexe et diversifiée. Si l'évolution a ainsi affiné et conservé ce mécanisme, c'est qu'il intervient sans doute sur quelque chose d'essentiel à la survie des végétaux. Identifions donc le genre de réponse qu'il est vital pour eux d'élaborer suite aux stimulations de l'environnement en conditions naturelles, et nous aurons de grandes chances d'avoir trouvé les sortes d'informations qu'ils stockent et rappellent dans la nature. Certes ce n'est pas là une façon très rigoureuse de raisonner. C'est du moins une démarche permettant de continuer à avancer.

Une mémoire vouée à répartir les ressources

Il se trouve qu'une mouvance d'écologues allemands a déjà réfléchi au problème (Herms & Mattson, 1992 ; Gayler *et al.*, 2006 et 2008 ; Gayler, 2010). Ils font remarquer que les ressources (comme lumière, eau, nutrition minérale) dont une plante peut disposer dans la nature sont généralement limitées, et qu'il est donc crucial que cette plante parvienne à ajuster l'allocation de ces ressources entre ses principales activités de façon à optimiser ses chances de survivre et de se reproduire. Dans leur approche actuelle, ces écologues ont reconnu aux plantes deux activités principales : la croissance et la synthèse de molécules de défense, toxiques pour les animaux ou les micro-organismes susceptibles de les attaquer. Une plante, en effet, doit croître suffisamment vite par rapport aux plantes voisines pour que ses parties aériennes restent exposées à la lumière et lui permettent d'assurer sa photosynthèse ; mais elle doit aussi élaborer suffisamment de substances de défense pour empêcher que des herbivores ou des pathogènes ne détruisent son feuillage au point de rendre sa photosynthèse insuffisante.

En suivant le raisonnement des collègues allemands à la lettre, on serait tenté de dire que, dans les conditions naturelles, la réponse logique des plantes aux sollicitations de l'environnement est de déterminer quelle part des ressources doit aller à assurer la croissance et quelle autre à fabriquer des molécules de défense. Mais c'est une façon de voir sans doute un peu restrictive. En effet, en plus d'assurer sa croissance et sa défense, la plante doit développer son système de reproduction (de la mise à fleur à la maturation des graines), répondre aux stress abiotiques éventuels (vent violent, choc de froid, sécheresse), fabriquer des canaux ioniques pour les communications à distance, etc.

On en arrive ainsi à considérer que ce qui est primordial pour une plante, c'est d'élaborer une information qui lui permet de répartir au mieux ses ressources entre ses différentes activités vitales, afin de répondre à l'ensemble des sollicitations de l'environnement. Comme on l'a vu plus haut, les mémoires (qu'elles soient de type « stockage/rappel » ou de type « apprentissage ») permettent alors de stocker et moduler cette information, et de l'actualiser en permanence selon les nouvelles stimulations perçues au cours du temps. De plus, la fonction « rappel » permet de corréler le rappel et l'expression de l'information stockée aux rythmes internes de la plante, au déroulement d'autres processus dans cette plante, à la survenue de nouvelles conditions environnementales, etc.

Au final, la « mémoire des plantes », loin d'être une notion un peu abracadabrante comme cela pouvait sembler le cas *a priori*, nous apparaît finalement, au contraire, être essentielle à l'acclimatation des végétaux aux contraintes de leur environnement.

Chapitre 8

VERS LA SYNTHÈSE

De la compilation des expérimentations, résultats et discussions qui précèdent, il se dégage un tableau assez cohérent de la sensibilité et de la mémoire des plantes, au point que l'on peut commencer à en élaborer un modèle conceptuel. Toutefois, si certains points paraissent dès maintenant assez solidement établis, d'autres restent spéculatifs et quelques uns ne sont encore que des propositions pour un travail futur.

Un essai de modélisation conceptuelle

Il est possible que des substances diverses (« métabolites de mémoire », molécules impliquées dans le contrôle du cycle cellulaire ou petits paquets d'ARNm dits « granules de stress ») interviennent plus ou moins dans les processus de mémorisation végétale (Ueda & Nakamura, 2006 ; Desbiez *et al.*, 1998 ; Vian, com. pers. ; Davies *et al.*, 2012). Toutefois, on peut rendre compte des principaux faits observés en interprétant la mémoire des plantes (qu'elle soit de type « apprentissage » ou « stockage/rappel » – Verdus *et al.*, 2012 ; Thellier & Lüttge, 2013) par une interaction entre quelques gènes[27].

La figure 8.1 donne un modèle conceptuel de mémoire végétale, ainsi basé sur une interaction entre gènes, que l'on peut expliciter comme suit (avec entre parenthèses le numéro de l'étape correspondante sur la figure). Lorsqu'une plante perçoit un stimulus ou quelque autre type de sollicitation (1), elle y réagit très vite (2), en particulier par l'élévation transitoire de sa concentration de calcium cytosolique et par quelques modifications ou biosynthèses précoces de protéines. L'amplitude, la cinétique et la durée de l'élévation de calcium cytosolique ainsi que la nature des protéines modifiées ou biosynthétisées sont spécifiques du signal perçu ; elles provoquent en particulier le déverrouillage de gènes (3) impliqués dans la réponse à faire à ce stimulus (ainsi, éventuellement, que le verrouillage des gènes impliqués dans les réponses à faire aux autres types de stimulus)[28]. L'élévation transitoire du calcium cytosolique sert ainsi de déclencheur, de « commutateur », à tout le processus de réponse (directe, ou avec intervention d'une mémoire) ; le phénomène dit des « vagues de calcium » donne une explication satisfaisante à son fonctionnement, sur laquelle on n'insistera pas ici (Trewavas, 1999).

Certains des gènes ainsi déverrouillés interviennent dans les mémoires de type « apprentissage » (4) ; on les appellera « gènes apprentissage ». Ils sont plus ou moins inactivés ou activés par la répétition du stimulus initial induisant ainsi les effets d'accoutumance ou de

27. Pour plus d'informations sur les notions de génétiques, cf. annexe 2.

28. Pour l'explication de ce qu'est le verrouillage et le déverrouillage de gènes, on se reportera à l'annexe 2.

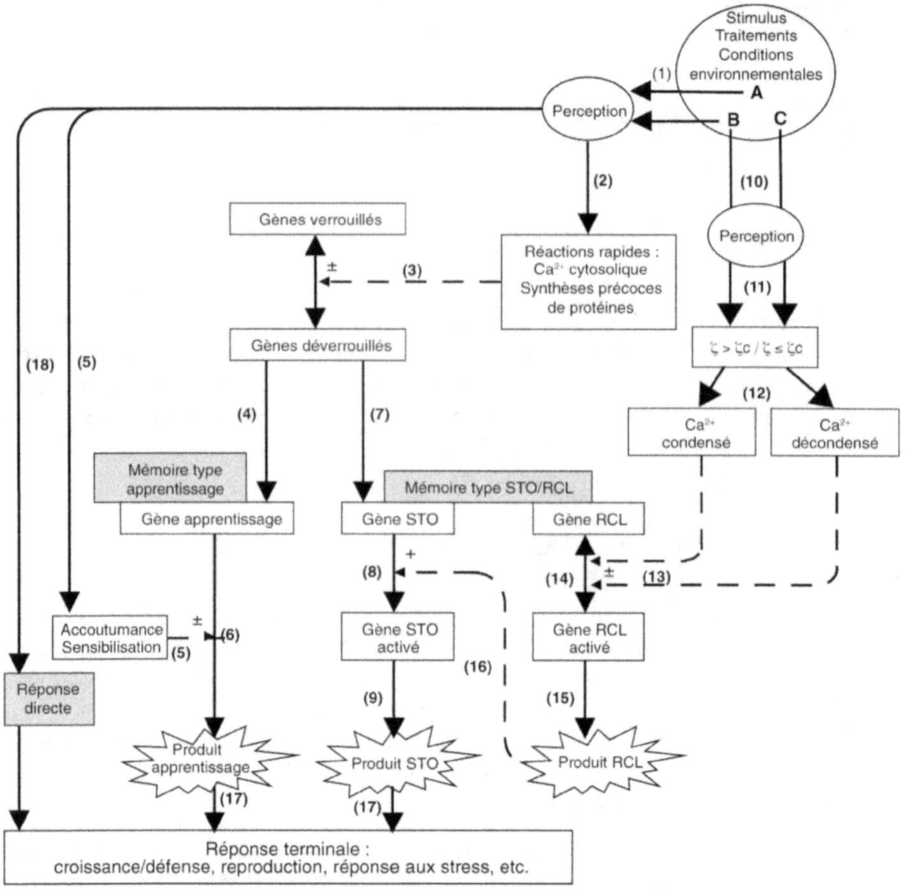

FIGURE 8.1 ■ **Modèle conceptuel de mémoire végétale basé sur une interaction entre gènes.**

Symboles : STO = stockage, RCL = rappel. On notera que certains des stimulus, traitements ou conditions environnementales initialement perçus par la plante sont impliqués seulement dans les réactions rapides conduisant aux réponses avec ou sans intervention de mémoire (cas A), ou seulement dans les processus conduisant au rappel (cas C), ou encore dans les deux à la fois (cas B).

sensibilisation (5) ; en conséquence, les produits de ces gènes (dits « produits apprentissage ») ne sont formés qu'en quantité faible ou nulle (accoutumance) ou, au contraire, ils sont formés en abondance (sensibilisation) (6). Le déverrouillage d'autres gènes intervient sur la fonction « stockage » (STO) des mémoires de type « stockage/rappel » (7). On appellera ces gènes « gènes STO ». Même déverrouillés, ils ne sont fonctionnels et n'aboutissent à la formation d'un produit que s'ils sont activés par la fixation d'un activateur approprié.

Toujours pour les mémoires de type « stockage/rappel », le processus jouant le rôle de commutateur pour le rappel de mémoire est inconnu ; mais la condensation et décondensation du calcium (cf. annexe 3) pourrait être un bon candidat à ce rôle. Nous proposons que, lorsque certaines sollicitations (stimulus, traitements divers, etc.) sont perçues par la plante (10), cela aurait pour conséquence de faire passer la variable ξ au-dessus (ou au-dessous) de la valeur critique ξ_c (11) causant ainsi la condensation (ou la décondensation) de Ca^{2+} (12) et, par voie de conséquence, l'activation ou l'inactivation des gènes impliqués dans le rappel de l'information stockée (dits « gènes RCL ») (13). Les gènes RCL une fois activés (14) formeraient alors leurs produits, dit « produits RCL » (15), lesquels seraient précisément les activateurs (16) permettant que les gènes STO déverrouillés soient activés (8) et fabriquent leurs produits (dits « produits STO ») (9). Les produits « apprentissage » et « STO » enclencheraient alors les réactions conduisant à la réponse terminale de la plante (17). L'étape 18 correspond à la possibilité que la plante fasse une réponse directe à la perception d'un stimulus, c'est-à-dire une réponse n'impliquant l'intervention d'aucune forme de mémoire.

Adéquation du modèle aux données observationnelles et expérimentales

Le modèle rend compte en particulier :

- de l'intervention des deux formes de mémoire, « apprentissage » et « stockage/rappel » ;
- de ce que, dans le cas des mémoires de type « apprentissage », la répétition d'un même stimulus provoque tantôt une diminution et tantôt une augmentation de l'intensité de la réponse à une nouvelle perception du même stimulus (accoutumance ou sensibilisation, respectivement) ;
- de ce que, dans le cas des mémoires de type « stockage/rappel », les sollicitations (stimulus ou autres) perçues par la plante peuvent jouer seulement sur le stockage d'information (cas A) ou seulement sur le rappel (cas C) ou encore sur les deux à la fois (cas B) ;
- de ce que le stockage d'information correspond à des processus robustes (verrouillages/déverrouillages de gènes) ;
- de ce que l'information stockée concerne la réponse à faire aux stimulus et non les stimulus eux-mêmes ;
- de ce que la commutation de l'aptitude à l'inaptitude au rappel d'information (ou inversement) peut se faire aisément, et éventuellement plusieurs fois, si la valeur de ξ n'est pas trop éloignée de celle de ξ_c, mais aussi de ce que la plante peut être quasiment bloquée en position apte ou inapte quand ξ est très différent de ξ_c.

Ce que l'on sait de plus solide et interprétations en découlant

De la perception d'un stimulus à la réponse terminale de la plante

Il est tout à fait certain que les plantes sont des êtres sensibles (chap. 2). Elles perçoivent de nombreux types de stimulus (vent, contact, blessure, sécheresse, choc de froid, etc.), mais pas tous (comme la musique). Presque toujours, la perception d'un stimulus s'accompagne d'une augmentation quasi immédiate, mais transitoire, de la teneur en calcium du cytosol à partir de compartiments externes et internes riches en calcium. Il semble bien que les caractéristiques de ce « signal calcium » (amplitude, durée, cinétique) orientent la plante vers l'enchaînement des processus qui conduiront à la réponse terminale (parfois un mouvement détectable à l'œil nu, comme chez la dionée ou la sensitive, mais le plus souvent, des modifications du métabolisme ou de la morphogenèse). Les systèmes senseurs des stimulus sont divers, parfois mal connus, mais de toute façon très différents de nos organes des sens.

On distingue trois grandes voies de réponse des plantes aux stimulations qu'elles ont perçues :

- les réponses directes se produisent sans autre délai que le temps nécessaire à la réalisation d'éventuelles étapes intermédiaires, et elles sont indépendantes des stimulations antérieurement perçues. Ce sont des réponses rapides, stéréotypées, bien adaptées à réagir aux situations d'urgence telles que les attaques par des animaux herbivores ou par des micro-organismes pathogènes ;
- les réponses impliquant l'intervention d'une mémoire de type « apprentissage » sont aussi rapides que les réponses directes ; mais leur intensité dépend, en moins ou en plus, des stimulus antérieurement perçus (principalement ceux de même nature). En particulier, cela produit des effets d'accoutumance permettant à la plante de faire l'économie des moyens qu'elle aurait dépensés à répondre avec une intensité maximale à une stimulation en fait sans danger ; et à l'inverse, des effets de sensibilisation grâce auxquels la plante peut améliorer sa capacité de résistance et sa promptitude de réaction aux stress et agressions les plus nocifs ;
- les réponses impliquant l'intervention d'une mémoire de type « stockage/rappel » sont des réponses différées. Une information, potentiellement utile au contrôle des activités vitales de la plante, est stockée suite à la perception d'un stimulus. Mais cette information reste latente jusqu'à ce qu'un évènement approprié (perception d'un autre stimulus, changement d'une condition environnementale, etc.) ait autorisé le « rappel » de l'information stockée, lui permettant qu'elle s'exprime enfin dans le contrôle du métabolisme et/ou de la morphogenèse de la plante. Cela permettrait en particulier de synchroniser la réponse de la plante avec le déroulement d'autres processus (rythmes, activités vitales diverses, etc.).

Caractéristiques des mémoires de type « stockage/rappel »

Le stockage : comment et quand ?

Dans le cas d'une mémoire du type « stockage/rappel », le stockage d'information est toujours robuste. Par ailleurs, l'information stockée est une sorte d'instruction relative à la réponse à faire au stimulus perçu (ici spécification de la dominance entre bourgeons cotylédonaires, réduction de l'allongement d'un organe, production de méristèmes, etc.) plutôt que le souvenir même de ce stimulus. L'utilisation d'agents pharmacologiques appropriés suggère fortement que le stockage d'information se fait dès le moment de l'élévation transitoire de la concentration du calcium dans le cytosol ou peu de temps après. Quelques évènements précoces, tels que des modifications de protéines existantes (phosphorylation, par exemple) ou la biosynthèse de nouvelles protéines, doivent constituer des étapes intermédiaires entre la perception du stimulus et l'élaboration de l'information qui sera stockée. En effet, ces changements précoces de l'équipement en protéines des plantes stimulées sont, pour une part, spécifiques du stimulus perçu. Des biosynthèses plus tardives de protéines pourraient être associées au stockage d'information (Henry-Vian *et al.*, 1995).

Où se fait le stockage et comment migre l'information ?

Lorsque la réponse finale d'une plante se fait à un endroit différent de celui où a été perçu le stimulus initial, le stockage de l'information se fait apparemment au niveau du site de la réponse. La vitesse de propagation du signal, du site de détection au site de réponse, a été estimée être d'au moins une fraction de millimètre par seconde pour les réponses métaboliques ou morphogènes ; elle est un peu plus élevée pour les réponses de mouvement. Des ondes de dépolarisation électrique, spécialement l'onde dite « lente », ont toute chance de constituer le support de cette migration d'information ; toutefois, on ne peut pas exclure que des signaux hydrauliques ou l'entraînement de substances signal dans le flux de la sève brute (ou peut-être même de la sève élaborée) ne soient également impliqués.

Réversibilité, ou non, de la fonction « rappel »

Il est fréquent que les plantes puissent être rendues, réversiblement, aptes/inaptes à rappeler une information stockée. Il est possible de rappeler à plusieurs reprises (à tout le moins deux fois) une même information préalablement stockée. Rendre une plante apte à rappeler une information stockée s'accompagne de la biosynthèse de protéines différentes de celles associées au stockage d'information. Il existe quelques données suggérant que le fonctionnement du rappel d'information pourrait être associé à des rythmes internes de la plante.

Interaction des fonctions « stockage » et « rappel »

Entre le stockage d'information et le rappel et l'exploitation de l'information stockée, des périodes de mémorisation aussi longues que quelques jours à quelques mois ont été observées dans les quatre cas étudiés.

Il est indifférent que le stockage d'une information soit effectué avant ou après qu'une plante ait été rendue apte à rappeler une information stockée ; c'est-à-dire stockage et rappel fonctionnent indépendamment l'un de l'autre. Simplement, lorsque des plantes sont rendues aptes à rappeler une information stockée avant que la perception d'un stimulus n'ait provoqué le stockage d'une information, les plantes sont prêtes à rappeler cette information à l'instant même où elles sont stimulées ; et la réponse (métabolique ou morphogène) peut commencer à se produire immédiatement après la perception du stimulus.

Particularités du stockage et du rappel d'information dans les différents systèmes étudiés

Dans le cas de la spécification de la dominance entre bourgeons cotylédonaires, suite à l'administration de traitements dissymétriques de piqûres chez la jeune bident, le processus de stockage apparaît irréversible et de « tout ou rien » ; tant que la période de mémorisation est suffisamment courte, une variété de traitements et de conditions expérimentales (conditions de la décapitation, addition de traitements thermiques, de traitements de piqûres, etc.) peuvent rendre les plantes réversiblement aptes/inaptes au rappel de l'information stockée ; les plantes finissent par se bloquer en position « aptes au rappel d'information » quand la période de mémorisation devient plus longue.

Pour le contrôle de l'allongement de l'hypocotyle, toujours chez la jeune bident, l'information stockée est quantitative en ce sens qu'il existe une relation de proportionnalité entre son intensité et celle du stimulus initiateur (le pourcentage de réduction de l'allongement étant quasiment proportionnel au nombre de piqûres administrées comme stimulus) ; seules des modifications de la solution sur laquelle sont cultivées les plantes ont pu faire commuter celles-ci de l'inaptitude à l'aptitude au rappel de l'information stockée.

En ce qui concerne la production de méristèmes chez le lin, nous n'avons pu faire commuter les plantes de l'inaptitude à l'aptitude au rappel de l'information stockée, ou inversement, que par des modifications fortes (respectivement diminution ou augmentation), mais transitoires, de la concentration du calcium dans la solution nutritive des plantes. Par ailleurs, une combinaison de plusieurs stimulus décalés dans le temps modifie l'information stockée par rapport à celle qui serait induite par un seul de ces stimulus. Dans nos expériences, la modification a été quantitative : elle portait sur le nombre de méristèmes finalement produits. Nous avons omis de rechercher si elle pouvait être également qualitative, c'est-à-dire si elle pouvait aussi modifier des fonctions métaboliques ou morphogènes autres que la production de méristèmes ; mais rien n'interdit non plus cette possibilité.

Quant à l'augmentation d'activités enzymatiques peroxydasiques chez la bryone, le stockage d'information apparaît particulièrement robuste, avec des périodes de mémorisation au moins égales à plusieurs mois. Par ailleurs, on ne connaît pas, dans ce cas, de stimulus ou de traitements susceptibles de faire commuter à volonté la bryone de l'inaptitude à l'aptitude (ou inversement) à rappeler une information stockée.

Sous une apparente unicité de fonctionnement, les mémoires de type « stockage/rappel » présentent donc une indiscutable diversité de comportement. Par ailleurs, il est remarquable de constater que ces mémoires interviennent aussi bien dans le contrôle de processus de croissance (croissance des bourgeons cotylédonaires et allongement de l'hypocotyle de bident, croissance des entre-nœuds de bryone) que dans celui de la genèse de nouveaux organes (formation de méristèmes épidermiques chez le lin) et même dans celui des fondements de la machinerie métabolique (chez la bryone).

Caractéristiques des mémoires de type « apprentissage »

Dans le cas des mémoires de type « apprentissage », la perception d'un stimulus entraîne une réponse sans période de latence mais avec une intensité dépendant des stimulations antérieurement perçues. Pour interpréter ce comportement, il a été proposé que les caractéristiques de l'élévation transitoire du calcium cytosolique, qui accompagne comme on l'a vu la perception d'un stimulus, encodent une mémoire des stimulus successivement subis (Knight *et al.*, 1998). Par ailleurs, pour affecter la réponse des plantes à un stimulus, il suffit parfois d'un seul stimulus préalable ou bien il en faut tout un train. Ce sont souvent le même type de stimulus ou parfois des stimulus de nature différente qui sont impliqués. L'effet, sur un stimulus, d'un ou de plusieurs stimulus préalable(s) peut être positif ou négatif. Comme on vient de le voir dans le cas des mémoires de type « stockage/rappel », les mémoires de type « apprentissage » présentent donc, elles aussi, une appréciable diversité de fonctionnement.

Un peu de spéculation

Fonctionnement intégré des trois types de réaction d'une plante à un stimulus

Les trois sortes de réponses que les plantes peuvent faire à un stimulus (réponse directe, ou impliquant des mémoires de type « apprentissage » ou « stockage/rappel ») ont été décrites ci-dessus comme s'il s'agissait de processus distincts. Mais il semble surprenant que l'évolution ait sélectionné des mécanismes non corrélés entre eux pour effectuer des tâches somme toute complémentaires. D'ailleurs, nous avons déjà relevé des parentés entre les deux types de mémoire conduisant à se demander s'il ne s'agissait pas plutôt de deux variantes d'un même processus. Aussi, on peut imaginer le scénario ci-dessous, lequel est tout aussi compatible que le scénario classique avec les données expérimentales.

Lorsqu'une plante est soumise à un stimulus, les choses commenceraient exactement de la même façon pour les trois types de réponses : perception du stimulus, invasion du cytosol par le calcium, et stockage d'une information relative à la réponse métabolique et/ou morphogène à faire à ce stimulus (les caractéristiques du « signal calcium » ayant orienté le système vers la bonne information à stocker en réponse au stimulus perçu). C'est seulement une fois l'information ainsi stockée que les trois voies de réponse divergeraient :

- pour les réponses directes, tout se passerait comme si la fonction « rappel » se trouvait bloquée de façon à rendre les plantes aptes à rappeler l'information stockée, permettant ainsi l'expression immédiate de cette information ;
- pour les réponses impliquant une mémoire de type « apprentissage », les stimulus suivants moduleraient (en moins ou en plus) l'information stockée suite à un premier stimulus et, la fonction « rappel » étant à nouveau bloquée en position « apte », on observerait un effet d'accoutumance ou de sensibilisation, respectivement ;
- pour les réponses impliquant une mémoire de type « stockage/rappel », les stimulus suivants moduleraient à nouveau l'information stockée suite à un premier stimulus ; mais, la fonction « rappel » étant en position « inapte », cette information resterait latente et ne pourrait s'exprimer qu'après qu'un évènement approprié ait fait commuter (parfois beaucoup plus tard) la fonction « rappel » en position « apte ».

Modulation et actualisation de l'information stockée

Nous avons noté une forte variabilité des propriétés des mémoires végétales, d'un cas à l'autre de ceux qui ont été décrits plus haut, tant pour les mémoires de type « stockage/rappel » que pour celles de type « apprentissage ». Cela peut paraître surprenant, et l'on est en droit de se demander pourquoi l'évolution aurait sélectionné la solution de la diversité, plutôt que de conserver un seul mode de fonctionnement pour chacun des deux types de mémoire. Une explication plausible est que cela donne aux végétaux une grande souplesse d'adaptation à la diversité des stimulations et des conditions environnementales auxquelles ils peuvent être confrontés.

Par ailleurs, il est apparu que, même pour les mémoires de type « stockage/rappel », les plantes sont capables de moduler l'information qu'elles stockent au fur et à mesure de la perception de nouveaux stimulus. Il n'est pas déraisonnable d'en inférer qu'à chaque instant l'information stockée est moyennée, actualisée de façon à correspondre à la réponse optimale à faire à l'ensemble des stimulations (et leurs fluctuations) que ces plantes ont perçues au cours du temps, pour optimiser leur chance de survivre et de se reproduire.

En combinant les résultats des recherches physiologiques avec celles de collègues écologues (cf. p. 73-74), il semble bien que ce soit par le contrôle de l'allocation des ressources de la plante à ses différentes activités vitales (croissance, défense, résistance aux stress, etc.) que l'information stockée parvient à induire cette réponse optimale.

Quelques suggestions pour du travail futur

Beaucoup reste à faire, en fait, pour approfondir la connaissance de la mémoire des plantes. En particulier, l'essentiel des données acquises à ce jour se rapporte aux parties aériennes de sujets jeunes. Il serait intéressant de rechercher si l'on peut également mettre en évidence des effets de mémoire au niveau des racines, et chez des plantes adultes ou sénescentes. Il faudrait reprendre une à une les étapes du modèle donné (fig. 8.1) pour les confirmer (ou les infirmer) et faire le travail de biologie moléculaire nécessaire pour les expliciter. Enfin, il faudrait compléter ce modèle conceptuel par de véritables modélisations mathématisées, permettant de faire des simulations quantitatives, des évaluations d'ordre de grandeur et des prévisions susceptibles d'être confrontées à l'expérience.

Il reste aussi à rechercher si l'on peut tirer des applications pratiques de la connaissance des mémoires végétales, en particulier par la manipulation des fonctions « stockage » et « rappel ». Par exemple, on pourrait essayer de favoriser le stockage et le rappel d'informations porteuses de réponses économiquement intéressantes. Inversement, on pourrait chercher à empêcher le stockage d'informations jugées indésirables et – si de telles informations avaient déjà été stockées – on pourrait chercher à bloquer leur rappel et leur expression.

Épilogue

Arrivés au terme de cette histoire, certains lecteurs vont peut-être se sentir un peu frustrés. À l'idée que les plantes sont capables de « se rappeler » quelque chose, ils pouvaient rêver d'ésotérisme et s'attendre à des révélations sulfureuses, à des possibilités de communications contre nature entre les végétaux et nous. On voit que, finalement, il n'en est rien. La mémoire, telle que nous l'avons décrite, ne fait que prendre sa place dans la physiologie normale de la plante.

À l'inverse de cette sensation de déception, on s'émerveillera plutôt de la façon dont l'évolution a fait les choses. Aux animaux, elle a conféré une mémoire des objets, des lieux et des évènements, immédiatement utile à leurs déplacements et qui s'est sophistiquée pour des constructions mentales plus élaborées chez les espèces les plus évoluées. Aux plantes, qui ne se déplacent pas, elle a attribué une faculté de mémoire qui leur permet d'adapter leur métabolisme et leur développement aux conditions locales de leur environnement, en générant une réponse intégrée, optimisée, à l'ensemble des stimulations, stress et agressions auxquels elles sont soumises au cours du temps.

N'est-ce pas là, parmi beaucoup d'autres, un exemple remarquable de ce que peut réussir la sélection naturelle !

ANNEXE 1

CODES ET MESSAGES SECRETS

La vie est basée sur l'existence et les interactions de macromolécules codées mettant en jeu des codes à 4 symboles (acides nucléiques) ou à 20 symboles (protéines). Avant d'entrer dans la description de ces mécanismes, il est commode de commencer par introduire la notion de code, et de correspondance entre codes, à l'aide de quelques jeux de société basés sur l'utilisation de ces gommettes autocollantes aux formes géométriques (ronds, carrés, losanges...), noires ou blanches, avec lesquelles jouent les enfants. Les deux premiers jeux vont vous apprendre à manipuler les codes, dans le cas simple de codes à quatre symboles (qui seront ici la forme et la couleur des gommettes). Les trois jeux suivants vous apprendront à élaborer et décrypter des messages secrets, c'est-à-dire à utiliser les gommettes pour le codage de messages, de façon que ceux-ci ne soient intelligibles qu'à qui en connaît le code.

Codes à quatre symboles

Premier jeu

Supposez que l'on dispose d'une feuille de quatre types de gommettes différentes (par exemple des carrés et des ronds noirs ou blancs), et alignons au hasard un certain nombre de ces gommettes. Un exemple du résultat obtenu est ce que nous appellerons la séquence n° 1. Le jeu consiste à fabriquer une autre séquence, ou séquence n° 2, qui se déduise logiquement de la n° 1, en utilisant les mêmes types de gommettes. Il faut pour cela se donner une clef, c'est-à-dire une règle définissant la correspondance entre les gommettes des deux séquences. Choisissons par exemple qu'à un carré et un rond noir de l'une correspondent respectivement un carré et un rond blanc de l'autre (et inversement). On obtient alors la séquence n° 2 :

(1) ■●□■■■○■●□□○□○●○○■□□●□■■■

(2) □○■□□□●□○■■●■●○●●□■■○■□□□

Partant d'une séquence quelconque vous pourrez vous entraîner à construire la séquence complémentaire en utilisant la même règle de correspondance, et vous constaterez que cela ne présente aucune difficulté.

Deuxième jeu

Pour ce deuxième jeu, on dispose de deux feuilles de gommettes. La première feuille, sur laquelle se trouvent toujours des carrés et des ronds noirs ou blancs, va nous servir à construire à nouveau la séquence n° 1. La deuxième boîte contient des carrés et des ronds blancs ainsi que des ronds noirs, mais à la place des carrés noirs elle contient des losanges noirs. Le jeu consiste à construire une séquence, ou séquence n° 3, qui soit complémentaire de la n° 1. La règle de correspondance consiste toujours à associer les ronds blancs aux noirs ou inversement ainsi que les carrés blancs de la n° 3 aux carrés noirs de la n° 1 ; mais on fait maintenant correspondre les losanges noirs de la n° 3 aux carrés blancs de la n° 1. Le résultat, qui n'est guère plus compliqué à obtenir que celui du problème précédent, est le suivant :

(1) ■●□■■■○■●□□○□○●○○■□□●□■■■

(3) □○◆□□□●□○◆◆●◆●○●●□◆◆○◆□□□

Ici encore, vous pouvez partir d'une séquence quelconque construite avec les gommettes de la première feuille et vous exercer à construire la séquence complémentaire à l'aide des gommettes de la deuxième feuille.

Élaboration et décryptage de messages secrets

Troisième jeu

Nous allons utiliser la deuxième feuille de gommettes (ronds blancs et noirs, carrés blancs et losanges noirs) pour écrire un message secret, en faisant correspondre chaque type de gommettes à une lettre de l'alphabet. *A priori*, on ne pourra coder ainsi que quatre lettres puisqu'on ne dispose que de quatre types de gommettes. En réalité, on ne pourra même coder que trois lettres, puisqu'il faudra bien conserver un type de gommette, que l'on appellera « stop », pour séparer les mots dans le message secret. Par exemple, adoptons la clef (c'est-à-dire la correspondance entre gommettes et lettres) telle qu'elle est indiquée ci-dessous :

□	○	◆	●
a	b	c	stop

Considérez la séquence de gommettes suivante, dite séquence n° 4, et essayez de la traduire en clair. La « séquence n° 5 » donne la solution : c'est la liste de tous les mots (séparés les uns des autres par le stop) que l'on peut coder à l'aide de la correspondance choisie ci-dessus, soit :

(4) □ ● □□ ● ◆□ ● ○□◆ ● ◆□○ ● ○□○□ ● ◆□◆□

(5) a aa ca bac cab baba caca

C'est décevant ! On ne voit pas quel message utile on pourrait écrire à l'aide de ces quelques mots. Pour faire un bon codage avec la correspondance une gommette/une lettre, il aurait fallu disposer d'autant de gommettes différentes qu'il y a de lettres dans l'alphabet, plus une au moins pour le stop, soit 27 au total. Alors, est-il possible d'imaginer un moyen d'améliorer l'efficacité du codage tout en continuant à n'utiliser que quatre types de gommettes ? Si vous ne trouvez pas la solution, le quatrième jeu va vous mettre sur la voie.

Quatrième jeu

Ce qui n'allait pas, dans le troisième jeu, c'est que l'on faisait une correspondance 1 pour 1 (une lettre pour un type de gommette). Essayons maintenant de faire correspondre les lettres à des paires de gommettes. Par exemple, adoptons la correspondance :

□□	□○	□◆	□●	○□	○○	○◆	○●	◆□	◆○	◆◆	◆●	●□	●○	●◆	●●
a	b	c	d	e	f	g	h	i	j	k	l	m	n	o	stop

On voit que l'on peut former 16 paires de gommettes, donc coder 15 lettres (par exemple, de a à o) et une instruction « stop ». Supposez que vous receviez le message secret ci-après que l'on appellera la séquence n° 6, et essayez d'en trouver la traduction en clair. Le résultat correct est donné par la séquence n° 7 au-dessous :

(6) □□ ●● ◆● ●● □□ ◆□ □● ○□ ●● ◆○ ●● □□ ◆□ ●● ○○ □□ ◆□ ●□

(7) a l aide j ai faim

L'efficacité du codage par paires de gommettes est déjà bien meilleure que celle du codage par gommettes utilisé au jeu précédent. Maintenant, nous pouvons coder et décoder de vrais messages, tel que celui de ce malheureux qui appelle « à l'aide, j'ai faim ». Mais ce n'est pas encore parfait. Avec ce système de codage, notre malheureux, par exemple, n'aurait pas eu la possibilité d'envoyer un message avertissant qu'il avait soif ; il lui aurait manqué la lettre s. Qu'à cela ne tienne : puisque les paires de gommettes ne suffisent pas, essayons d'utiliser des triplets de gommettes. Ce sera l'objet du cinquième et dernier jeu.

Cinquième jeu

À chaque lettre de l'alphabet, faisons correspondre un triplet de gommettes. Établissons la liste des triplets de façon systématique, comme nous l'avons fait pour la liste des paires de gommettes au quatrième jeu, soit :

□□□	□□○	□□◆	□□●	□○□	□○○	□○◆	□○●	□◆□	□◆○	etc.
a	b	c	d	e	f	g	h	i	j	etc.

Complétez jusqu'au bout la liste des triplets. Vous verrez qu'il en existe 64. Un mathématicien aurait été plus vite en calculant qu'on peut former 4^3 triplets différents (ce qui fait bien 64) à partir de quatre types de gommettes. Il saute aux yeux qu'il y a maintenant beaucoup trop de triplets, puisqu'il n'y a à coder que les 26 lettres de l'alphabet et le stop ! On peut alors trouver des façons diverses, plus ou moins compliquées, de définir la clef du codage. On pourra par exemple :

1. Se contenter de n'utiliser que les 27 premiers triplets de la liste pour coder les 26 lettres et le stop ;
2. Utiliser les 64 triplets en faisant correspondre deux triplets à chaque lettre (par exemple, le a étant indifféremment codé par trois carrés blancs ou par un rond blanc suivi de deux losanges noirs) ; 52 triplets se trouveraient ainsi utilisés pour les 26 lettres de l'alphabet, et le stop serait codé indifféremment par les 12 triplets restants ;

3. Utiliser à nouveau les 64 triplets en faisant correspondre un nombre variable de triplets à chaque lettre de l'alphabet, et en conservant un ou plusieurs triplets pour coder le stop.

La cryptographie

Bien évidemment, la fabrication de messages secrets (on dit encore « messages cryptés » ou « cryptogrammes ») ne repose pas uniquement sur l'utilisation de codes de gommettes ! La « cryptographie » est devenue une science, pour laquelle des équipes de mathématiciens s'échinent à mettre au point des façons de coder qui soient de plus en plus difficiles à déchiffrer par qui n'en possède pas la clef. Le plus souvent, ces codages sophistiqués sont destinés à des applications commerciales, diplomatiques ou militaires.

Pour clore cette annexe, donnons plutôt dans le sentimental. Les messieurs auront une façon amusante d'utiliser des triplets de quatre types de perles (par exemple, différant par leur forme, leur taille et/ou leur couleur) pour déclarer leur flamme à leur femme ou leur petite amie. Pour ce faire, ils enfileront ces perles sur un long fil, de façon que l'enchaînement des triplets signifie « *jestoptstopaimestopichstopliebestopdichstopistoplovestopyoustop etc.* », en autant de langues qu'il sera possible. Ils noueront l'une à l'autre les deux extrémités du fil pour en faire un collier qu'ils offriront à la femme de leur vie. Bien sûr, il ne faudra pas oublier de lui donner la clef du codage. Lorsqu'elle portera ce collier, elle seule saura ce que contient ce tendre cryptogramme.

Annexe 2

LA MAGIE MOLÉCULAIRE

Chez les êtres vivants, des entités que l'on peut appeler macromolécules informatives ou macromolécules codées jouent un rôle essentiel. Une macromolécule est une molécule de grande taille, donc une molécule formée d'un grand nombre d'atomes. Les macromolécules codées (parmi lesquelles les protéines et les acides nucléiques, ADN et ARN, nous intéressent particulièrement) sont de longs édifices formés d'un enchaînement de petites unités moléculaires. L'ordre dans lequel sont disposées ces petites unités est un code qui donne une signification à la macromolécule. C'est un peu analogue à la façon dont l'ordre d'enchaînement des 26 lettres de l'alphabet et des espaces constitue un code représentatif des mots dans une phrase et donne une signification à cette dernière. C'est analogue aussi à la façon dont les gommettes nous ont permis d'élaborer des messages secrets (annexe 1).

La compréhension des mécanismes mis en jeu par les macromolécules codées fut le grand succès des biologistes du XXe siècle, d'ailleurs inspirés par de célèbres physiciens (Schrödinger, 1944 ; Gamow, 1955). On peut dire que ce que la biologie et la génétique moléculaires ont permis de comprendre des fondements de la vie constitue l'une des plus belles avancées que la science ait jamais produites. L'explicitation détaillée en emplit de gros volumes (Alberts *et al.*, 1983). On en trouvera ici une présentation succincte, sous la forme de réponses à 11 questions que le lecteur peut se poser.

1) Les protéines : à quoi ça sert, et comment ça marche ?

Dans la constitution de la matière vivante, il entre des milliers de substances entre lesquelles il peut, *a priori*, se produire un nombre quasi infini de réactions chimiques. Si toutes ces réactions avaient la même probabilité de se produire, le milieu cellulaire serait un système réactionnel complètement anarchique. Mais la cellule possède des catalyseurs, les enzymes, qui permettent aux seules réactions qu'elles contrôlent de se dérouler à une vitesse compatible avec la vie. Les réactions non catalysées sont tellement plus lentes qu'elles peuvent être considérées inexistantes.

De même, la diffusion de solutés entre le milieu extracellulaire (aqueux) et le cytosol (également aqueux) est très fortement limitée par le caractère lipidique de la membrane qui les sépare (la membrane plasmique) ; mais, à nouveau, des catalyseurs spécifiques, implantés dans la membrane, permettent aux seuls échanges qu'ils contrôlent de se dérouler à une vitesse compatible avec la vie. Ces catalyseurs des échanges transmembranaires sont dits transporteurs ou encore canaux ioniques dans le cas particulier du transport transmembranaire de certains ions minéraux[29].

Les enzymes, les transporteurs et les canaux ioniques sont tous de nature protéique, parmi une grande diversité d'autres protéines impliquées dans tous les aspects du fonctionnement (et même de la structure) des cellules.

Ainsi, les protéines jouent pour les cellules vivantes un rôle un peu équivalent à celui que jouent les outils et les machines-outils dans un atelier. Elles sont en général très spécifiques, tant du point de vue des processus qu'elles contrôlent que des substances (ou substrats) impliquées et/ou transformées dans le fonctionnement de ces processus. Elles sont faites d'enchaînements de quelques dizaines à quelques centaines d'acides aminés (petites molécules porteuses d'au moins une fonction acide et une fonction amine). Les chimistes connaissent de nombreux acides aminés, mais seuls 20 d'entre eux (dont on trouvera la liste un peu plus loin, dans le tab. A2.1) entrent dans la constitution des protéines rencontrées dans les cellules vivantes. Les protéines se replient dans l'espace de façon complexe, formant ainsi des « sites actifs » (par exemple, dans le cas des enzymes, le site catalytique est un site actif au niveau duquel le substrat se fixe et subit sa transformation). Mais c'est l'ordre d'enchaînement des acides aminés (ce qu'on appelle la structure primaire) qui impose la structure spatiale de la protéine et conditionne sa signification (c.-à-d. sa fonction et sa spécificité).

2) Qu'est-ce qu'un gène ?

La notion de gène est ancienne, bien antérieure à l'explosion récente de la biologie et de la génétique moléculaires. À ses débuts, le concept était abstrait : un gène était l'entité qui, dans le noyau[30] des cellules, codait[31] un de leurs caractères héréditaires, le plus souvent la structure primaire d'une protéine. Mais on ne savait pas ce que cette entité était exactement, quelle était sa nature moléculaire. On savait simplement qu'elle avait une existence matérielle réelle, car les généticiens de l'époque avaient mis au point une méthode ingénieuse leur permettant de repérer la position relative des différents gènes sur les chromosomes. Pour l'interprétation moderne du gène, voir le paragraphe suivant.

29. Les ions sont des molécules porteuses d'une ou plusieurs charges électriques élémentaires (la charge élémentaire étant égale, en valeur absolue, à celle de l'électron). Il existe des ions porteurs d'une charge négative (dits anions) et d'autres porteurs d'une charge positive (dits cations). On distingue classiquement les ions minéraux (tels que Cl^-, Na^+, Ca^{2+}, etc.) et les ions organiques (tels que CH_3COO^-, $CH_3NH_3^+$, etc.). Les ions porteurs d'une seule charge élémentaire (par exemple, CH_3COO^- ou Na^+) sont dits monovalents, ceux porteurs d'une charge double (par exemple Ca^{2+}) divalents, etc. Lorsqu'ils sont dissous dans l'eau, les sels, les acides et les bases sont, en tout ou en partie, dissociés en cations et anions ; c'est ainsi que, en solution dans l'eau, le sel de cuisine, NaCl, se dissocie en ions Na^+ et Cl^-, l'acide chlorhydrique, HCl, en ions H^+ et Cl^-, et la soude caustique, NaOH, en ions Na^+ et OH^-. Il existe des macromolécules ou des associations moléculaires porteuses d'un grand nombre de charges élémentaires ; on les caractérise alors par leur densité de charge (charge moyenne par unité de longueur pour les systèmes à une seule dimension, par exemple).

30. Ou, plus précisément, dans les chromosomes, lorsque ceux-ci deviennent apparents au moment de la division cellulaire.

31. Du point de vue du langage, vous entendrez souvent dire « code pour un caractère » au lieu de « code un caractère » ; mais c'est un anglicisme. En français, le verbe « coder » est transitif.

3) Qu'est-ce que c'est que l'ADN, et quelle en est la structure ?

L'ADN (fig. A2.1) est une macromolécule formée d'une double chaîne (on dit un double brin) de quatre types d'unités constitutives, ou nucléotides (dits désoxyribonucléotides). Ici, on se contentera de représenter ces nucléotides par leurs symboles classiques (A, C, G et T). Ainsi, dans chaque brin d'ADN, l'ordre d'enchaînement des nucléotides constitue un code à quatre lettres (de la même façon que le faisaient les quatre gommettes dans le premier jeu de l'annexe 1). Le nom de l'ADN (pour acide désoxyribonucléique) provient de ce que ses nucléotides constitutifs contiennent un sucre peu connu du public, le désoxyribose. En anglais, l'ADN s'appelle DNA (*DesoxyriboNucleic Acid*).

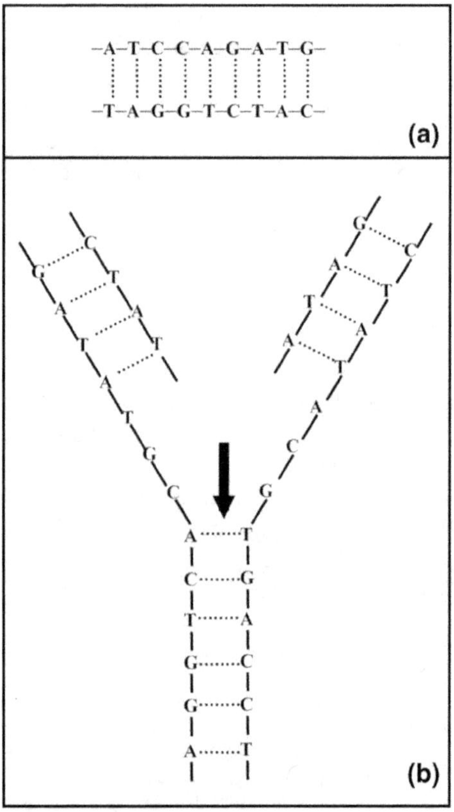

FIG.A2.1 ■ **Représentation schématique de l'ADN et de sa duplication.**

(a) Schéma du double brin d'ADN avec son code à quatre lettres (A, C, G, T) et sa structure complémentaire (A d'un brin toujours en face de T de l'autre brin, et C d'un brin toujours en face de G de l'autre brin) ; dans la réalité, le double brin ne reste pas linéaire (comme il a été représenté ici) mais il s'organise en double hélice. Traits pleins = liaisons covalentes ; traits pointillés = liaisons hydrogène. **(b)** Pour dupliquer l'ADN, un premier système enzymatique (flèche épaisse) sépare les deux brins, puis un deuxième système enzymatique reconstitue le deuxième brin en face du brin isolé en respectant la complémentarité A/T et C/G ; on aboutit ainsi à obtenir deux doubles brins identiques entre eux et identiques au double brin initial.

Les deux brins d'ADN sont disposés de façon telle qu'en face d'un T il y ait un A et qu'en face d'un G il y ait un C, et inversement (fig. A2.1a). Dans chaque brin, les nucléotides sont reliés, chacun au suivant, par des liaisons très solides (dites liaisons covalentes) ; en revanche, les liaisons qui s'établissent d'un brin à l'autre, entre T et A ou entre G et C, sont des liaisons peu résistantes (dites liaisons hydrogène). Les deux brins sont donc complémentaires comme l'étaient les séquences de gommettes n°s 1 et 2 dans le premier jeu de l'annexe 1. Les molécules d'ADN sont de très grande taille : déployées, elles peuvent atteindre plusieurs mètres. Elles s'arrangent dans l'espace en une double hélice. Pour l'essentiel, elles se trouvent (sous une forme repliée et compactée) dans le noyau des cellules ; et, dans ce qui suit, nous nous intéresserons surtout à cet ADN nucléaire. Cependant, il existe également de petites quantités d'ADN dans les mitochondries et les chloroplastes ; nous en dirons quelques mots p. 96-97.

On sait aujourd'hui que le support matériel des gènes est la macromolécule d'ADN, ou, plus exactement, une petite fraction de l'ADN dite ADN codant. Plus précisément, un gène est constitué par une séquence de nucléotides sur une fraction codante d'un des brins d'ADN ; il joue le rôle d'une sorte de « patron » (au sens des couturières) représentatif de la structure primaire d'une protéine. L'ADN représente la mémoire génétique de la cellule. Sauf accident (voir la notion de mutation p. 95), l'ADN nucléaire se transmet à l'identique au cours des divisions cellulaires et il est le même dans toutes les cellules d'un individu.

Dans le détail, les choses sont assez compliquées. C'est ainsi que le rôle exact de l'ADN non codant n'est pas encore clairement identifié ; il semble qu'il ait surtout des fonctions de régulation. De plus, il arrive qu'un même gène code des protéines différentes ou que, inversement, le codage d'une protéine nécessite la participation de plusieurs gènes.

4) Comment l'ADN se conserve-t-il identique à lui-même au cours des divisions cellulaires ?

C'est le fait que les deux brins de l'ADN soient de structure complémentaire qui permet que l'ADN se conserve identique à lui-même au cours des divisions cellulaires. Avant d'entrer en mitose (la mitose étant une division cellulaire « normale », c'est-à-dire autre que celles conduisant à la formation des cellules reproductrices), une cellule commence par répliquer (on dit encore dupliquer) son ADN nucléaire, comme indiqué schématiquement à la figure A2.2. Pour cela, un premier système enzymatique rompt les liaisons hydrogène, séparant ainsi les deux brins l'un de l'autre un peu à la façon dont on ouvre une fermeture éclair. Puis un autre système enzymatique reconstitue un second brin en face de chacun des deux brins isolés, *toujours en appariant* A à T, C à G, G à C et T à A. La figure montre que (à nouveau sauf accident) on obtient ainsi deux doubles brins identiques entre eux, et identiques au double brin d'origine. Les deux « cellules filles » obtenues par division de la cellule initiale, ou « cellule mère », emportent chacune un des doubles brins ; elles contiennent donc exactement le même ADN nucléaire, et cet ADN nucléaire est identique à celui de la cellule mère[32]. Comme les cellules

32. Notons que les mots « mère » et « fille » tels que nous les employons ici n'ont pas leur signification habituelle. Dans la conception habituelle, une mère donne naissance à ses enfants tout en restant elle-même. Ici, les cellules filles correspondent à la division en deux de la cellule mère, laquelle n'a donc plus d'existence à la suite de ce processus.

d'un organisme quelconque (une plante, par exemple) proviennent d'une même cellule initiale par divisions successives, elles possèdent donc, toujours sauf accident, toutes exactement le même ADN nucléaire.

5) Qu'est-ce que c'est que l'ARN, et quelle en est la structure ?

Les molécules d'ARN (pour acide ribonucléique) sont faites d'un seul brin formé de quatre nucléotides constitutifs (dits ribonucléotides car le ribose y remplace le désoxyribose de l'ADN). Trois de ces nucléotides ressemblent à ceux de l'ADN (au sucre près) et sont représentés par les mêmes symboles (A, C et G) alors que le quatrième, différent de T, est représenté par le symbole U. Dans les ARN, l'ordre d'enchaînement des nucléotides constitue à nouveau un code à quatre lettres. Les molécules d'ARN sont considérablement plus courtes que celles d'ADN. Il existe divers types d'ARN, par exemple de petits ARN solubles ou ARNs, des ARN constitutifs des ribosomes (petits organites cytoplasmiques impliqués dans la biosynthèse des protéines) ou ARNr, et des ARN « messagers » ou ARNm (dont nous verrons le rôle un peu plus loin, voir ci-après). En anglais, l'ARN s'appelle RNA (*RiboNucleic Acid*), avec ses variantes sRNA (*soluble RNA*), rRNA (*ribosomal RNA*) et mRNA (*messenger RNA*).

6) Comment s'effectue la biosynthèse des protéines à partir du code de l'ADN ?

Considérons un gène nucléaire représenté par sa séquence de nucléotides sur l'un des brins de l'ADN. Il se trouve dans le noyau alors que la machinerie métabolique nécessaire à la réalisation des synthèses protéiques se trouve dans le cytoplasme ; aussi la biosynthèse de la protéine correspondant à ce gène s'effectue en deux étapes. La première étape, la *transcription*, consiste à construire, sur le patron de l'ADN du gène, un ARNm qui migrera vers le cytoplasme. La transcription revient donc à faire passer l'information portée par les gènes depuis le noyau jusqu'au cytoplasme. La deuxième étape, la *traduction*, concerne la fabrication proprement dite de la protéine.

Pour transcrire le patron d'ADN (fig. A2.2a) en un patron d'ARNm, des mécanismes enzymatiques séparent d'abord les deux brins de l'ADN au niveau de la partie codant la protéine à synthétiser (fig. A2.2b) ; puis positionnent les ribonucléotides libres A, C, G et U de façon que A soit en face de T, C en face de G, G en face de C et U en face de A (fig. A2.2c) ; relient entre eux ces nucléotides par des liaisons covalentes, réalisant ainsi un ARNm complémentaire de la partie codante de l'ADN ; et enfin libèrent cet ARNm (Fig. A2.2d) qui migre alors du noyau de la cellule vers le cytoplasme. La transcription ne présente pas de difficulté conceptuelle particulière puisqu'elle revient à faire se correspondre deux codes à quatre lettres, celui (A, C, G et U) des ARNm et celui (T, G, C et A) de l'ADN. C'est le même problème que celui résolu dans le deuxième jeu de l'annexe 1.

La traduction consiste à fabriquer une protéine sur le patron de l'ARNm. Cela revient à faire correspondre un code à 20 lettres (les 20 acides aminés entrant dans la constitution des protéines) aux codes à quatre lettres des acides nucléiques (ADN et ARNm). Il est évident

TABLEAU A2.1 ■ **Correspondance des codons d'ADN et d'ARNm avec les acides aminés constitutifs des protéines**

Codon (ADN)	Codon (ARNm)	Acide aminé		Codon (ADN)	Codon (ARNm)	Acide aminé	
		Nom	Symbole			Nom	Symbole
TTT	AAA	Lysine	Lys	CTT	GAA	Acide glutamique	Glu
TTG	AAC	Asparagine	Asp	CTG	GAC	Acide aspartique	Asp
TTC	AAG	Lysine	Lys	CTC	GAG	Acide glutamique	Glu
TTA	AAU	Asparagine	Asp	CTA	GAU	Acide aspartique	Asp
TGT	ACA	Thréonine	Thr	CGT	GCA	Alanine	Ala
TGG	ACC	Thréonine	Thr	CGG	GCC	Alanine	Ala
TGC	ACG	Thréonine	Thr	CGC	GCG	Alanine	Ala
TGA	ACU	Thréonine	Thr	CGA	GCU	Alanine	Ala
TCT	AGA	Arginine	Arg	CCT	GGA	Glycine	Gly
TCG	AGC	Sérine	Ser	CCG	GGC	Glycine	Gly
TCC	AGG	Arginine	Arg	CCC	GGG	Glycine	Gly
TCA	AGU	Sérine	Ser	CCA	GGU	Glycine	Gly
TAT	AUA	Isoleucine	Ile	CAT	GUA	Valine	Val
TAG	AUC	Isoleucine	Ile	CAG	GUC	Valine	Val
TAC	AUG	Methionine	Met	CAC	GUG	Valine	Val
TAA	AUU	Isoleucine	Ile	CAA	GUU	Valine	Val
GTT	CAA	Glutamine	Gln	ATT	UAA	STOP	-
GTG	CAC	Histidine	His	ATG	UAC	Tyrosine	Tyr
GTC	CAG	Glutamine	Gln	ATC	UAG	STOP	-
GTA	CAU	Histidine	His	ATA	UAU	Tyrosine	Tyr
GGT	CCA	Proline	Pro	AGT	UCA	Sérine	Ser
GGG	CCC	Proline	Pro	AGG	UCC	Sérine	Ser
GGC	CCG	Proline	Pro	AGC	UCG	Sérine	Ser
GGA	CCU	Proline	Pro	AGA	UCU	Sérine	Ser
GCT	CGA	Arginine	Arg	ACT	UGA	STOP	-
GCG	CGC	Arginine	Arg	ACG	UGC	Cystéine	Cys
GCC	CGG	Arginine	Arg	ACC	UGG	Tryptophane	Try
GCA	CGU	Arginine	Arg	ACA	UGU	Cystéine	Cys
GAT	CUA	Leucine	Leu	AAT	UUA	Leucine	Leu
GAG	CUC	Leucine	Leu	AAG	UUC	Phenylalanine	Phe
GAC	CUG	Leucine	Leu	AAC	UUG	Leucine	Leu
GAA	CUU	Leucine	Leu	AAA	UUU	Phenylalanine	Phe

qu'une correspondance lettre à lettre ne peut pas convenir. On raisonne comme on l'a fait dans les troisième, quatrième et cinquième jeux de l'annexe 1. Si l'on considère les paires de lettres de l'ADN (TT, TG, TC, TA, GT, GG, etc.) ou celles de l'ARNm (AA, AC, AG, AU, CA, CC, etc.), on constate facilement qu'il n'en existe que 16, ce qui est encore insuffisant pour coder les 20 acides aminés des protéines. La solution la plus économique est donc que ce soit des triplets de lettres des acides nucléiques qui codent les acides aminés des protéines. C'est effectivement la solution qu'a retenue la vie. Mais il y a maintenant beaucoup plus de triplets ($4^3 = 64$) que les 20 acides aminés des protéines ! La sélection naturelle a retenu la solution la plus compliquée (la solution n° 3 du cinquième jeu) pour en tenir compte ; c'est-à-dire que certains acides aminés et le « stop » sont codés par plusieurs triplets différents. Le tableau A2.1 donne la correspondance entre les triplets, on dit plus fréquemment les codons, de l'ADN ou de l'ARNm et les acides aminés des protéines. Ce tableau de correspondance est appelé le code génétique. On voit qu'il peut y avoir jusqu'à six codons différents pour un seul acide aminé (c'est le cas de la sérine, par exemple) alors qu'il n'y a qu'un seul codon pour la méthionine. Quant aux codons « stop », ils se trouvent à la fin de tous les gènes ; dans les cas où un seul ARNm code plusieurs protéines à la fois, ils servent à indiquer que le code de la

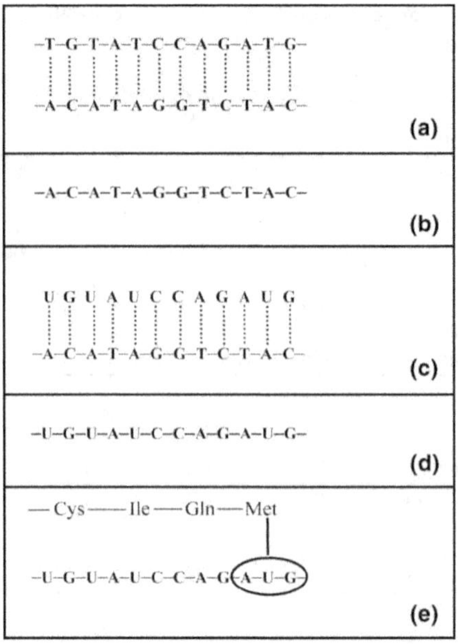

FIGURE A2.2 ■ **Biosynthèse des protéines : transcription de l'ADN en ARNm et traduction de l'ARNm en protéine.**

(a) Double brin d'ADN. **(b)** Le simple brin d'ADN qui servira de patron, après la rupture locale des liaisons hydrogène du double brin. **(c)** Positionnement des unités constitutives du futur ARNm. **(d)** Libération de l'ARNm après l'établissement de liaisons covalentes entre ses unités constitutives et rupture des liaisons hydrogènes entre ADN et ARNm. **(e)** Lecture des triplets (ou codons) de l'ARNm par un ribosome (symbolisé par une ellipse) et construction de la protéine.

première protéine est terminé et que commence le code de la seconde, etc. Pour traduire le fait que plusieurs codons différents peuvent coder un même acide aminé, on dit que le code génétique est « dégénéré ».

La réalisation de la traduction se fait grâce à l'intervention des ribosomes, petits organites formés par l'association de quelques ARNr et d'un certain nombre de protéines. Les ribosomes s'enfilent sur les ARNm où ils jouent un rôle un peu équivalent à celui d'une tête de lecture lisant un ruban magnétique : ils progressent de codon en codon en positionnant à chaque fois l'acide aminé correspondant au codon en cours (fig. A2.2e) et en reliant entre eux les acides aminés ainsi disposés dans l'ordre imposé par le patron d'ARNm. Lorsqu'un ribosome est suffisamment avancé sur un ARNm, un deuxième ribosome vient se positionner sur le même ARNm, puis un troisième lorsque le deuxième est suffisamment avancé, et ainsi de suite. On appelle polysome un ARNm porteur d'une série de ribosomes en train de le lire et de synthétiser chacun la/les protéine(s) correspondante(s).

7) Comment se produit la différenciation cellulaire ?

La question est pertinente ! En effet, toutes les cellules d'un organisme ont le même patrimoine génétique, et pourtant elles ne contiennent pas toutes les mêmes protéines et n'ont donc pas toutes le même comportement métabolique. On dit qu'elles se sont différenciées en cellules épidermiques, parenchymateuses, libériennes, etc. La raison en est que, lors de cette différenciation, certains gènes cessent de pouvoir être transcrits : ils se « verrouillent » sous l'effet de réactions chimiques (comme la méthylation) ou de la présence de certaines protéines (comme les histones) ou de certains ARNs. Finalement, dans les cellules de chaque tissu, seuls les gènes codant les protéines utiles dans ce tissu restent non verrouillés et continuent à pouvoir s'exprimer. Encore arrive-t-il que des gènes non verrouillés ne s'expriment effectivement qu'en présence de certaines substances spécifiques (dites activateurs) ou en l'absence de certaines autres substances (dites répresseurs). Il peut arriver aussi que, dans des cellules différenciées, certains gènes se déverrouillent sous l'effet de réactions (comme l'acétylation, la déméthylation) ou d'une modification des histones, etc., et reprennent leur activité. Cela dit, en principe, les verrouillages/déverrouillages sont des opérations robustes, peu facilement réversibles, alors que les activations/répressions ne demandent que la présence d'un activateur ou d'un répresseur convenables.

Chez la plante *Arabidopsis*, il a effectivement été constaté que de notables changements de l'état de méthylation des gènes (donc des changements des nombres relatifs de gènes verrouillés et non verrouillés) accompagnaient le développement (Gehring *et al.*, 2009). De plus, des réactions de déméthylation (donc des déverrouillages de gènes) ont été mises en évidence lors de la formation de tissus contenant finalement de l'ADN peu méthylé.

8) Comment s'explique l'évolution des êtres vivants ?

Nous avons vu qu'en principe l'ADN se conserve identique à lui-même lors de ses réplications successives, et pourtant les êtres vivants évoluent au cours des millénaires. L'explication en est que la réplication de l'ADN n'est pas toujours parfaite. Il arrive que des erreurs se produisent, par exemple qu'un G au lieu d'un T vienne se placer en face d'un A, ou qu'une partie de la réplication échoue, etc. Compte tenu de la façon dont s'effectue la réplication (fig. A2.2), l'erreur se perpétue dans une des deux cellules filles après la première division cellulaire, puis dans toutes les cellules qui dérivent par division de cette cellule fille. Ces erreurs sont rares et il existe des mécanismes de réparation de l'ADN qui en limitent encore la survenance ; mais leur fréquence, tout en étant très faible, n'est pas rigoureusement nulle. On dit qu'il s'agit de « mutations ».

Lorsqu'une mutation touche une cellule somatique (c'est-à-dire une cellule autre que celles de la reproduction), elle n'a d'effet que dans cette cellule et dans celles qui en dérivent éventuellement par division ; cela peut être à l'origine des « chimères » (fig. A2.3) que l'on rencontre parfois chez les végétaux. Lorsqu'une mutation touche une cellule germinale, cela peut affecter la descendance de l'individu. Il est des mutations qui n'entraînent aucune conséquence (on dit qu'elles sont « silencieuses » ou « muettes ») ; le plus souvent, les mutations muettes se produisent dans les régions non codantes de l'ADN ; il arrive qu'il s'en produise également dans une région codante lorsqu'un triplet est remplacé par un autre codant le même acide aminé (par exemple, on voit sur le tab. A2.1 que si une mutation change un triplet TGT de l'ADN en TGC, cela n'en code pas moins la thréonine). La plupart des mutations non silencieuses sont défavorables ou même létales ; mais il arrive aussi qu'une mutation soit avantageuse et qu'elle soit conservée par la sélection naturelle, contribuant ainsi à l'évolution.

FIGURE A2.3 ■ **Un exemple de chimère sur un fusain. Photo : Marie-Claire Verdus.**

Sur ce fusain (*Euonymus japonicus*), la mutation somatique s'est produite dans la cellule à l'origine du bourgeon qui a donné naissance à une petite branche. Les cellules porteuses de la mutation ont perdu la capacité de fabriquer la chlorophylle. Ainsi les feuilles de la petite branche mutée apparaissent blanches, au milieu des feuilles non porteuses de la mutation qui sont normalement vertes.

En bref, la réplication de l'ADN n'est biologiquement satisfaisante, permettant à la fois la permanence des espèces sur des durées suffisamment courtes et leur évolution sur des durées suffisamment longues, que parce qu'elle fait des erreurs, mais des erreurs peu fréquentes.

9) Le code génétique est-il plus ou moins dépendant de l'espèce considérée ?

À part quelques variations mineures chez des organismes bien particuliers comme les ciliés (Baroin *et al.*, 1995), le code génétique est universel, et les propriétés et le fonctionnement de l'ADN et des ARNm, tels que l'on vient de les décrire chez les plantes, sont en fait quasiment les mêmes dans la totalité du monde vivant. Sous son apparente diversité, la vie présente ainsi une stupéfiante unité de conception. Cela veut-il dire que la vie a pris naissance une seule fois, et que l'organisation de la toute première cellule s'est conservée, à peu près sans modification, chez tous les êtres qui en ont dérivé ? Ou, plus simplement, cela signifie-t-il que l'organisation de la vie, telle que nous la connaissons, était tellement performante qu'elle a surclassé et pratiquement éliminé toutes les autres tentatives d'organisation que la nature a pu faire ? Nous ne tenterons pas de répondre à de telles questions. Si la recherche spatiale permet un jour, sur d'autres planètes que la Terre, de trouver d'autres formes de vie que la nôtre, il sera temps d'y revenir.

10) Qu'en est-il de l'ADN mitochondrial et chloroplastique ?

On a signalé plus haut que les mitochondries et les chloroplastes contiennent un peu d'ADN. Cet ADN mitochondrial et chloroplastique ressemble plus à l'ADN bactérien qu'à l'ADN nucléaire végétal. On pense que mitochondries et plastes dérivent de bactéries symbiotes qui ont fini par s'intégrer aux cellules. Des études précises de comparaison de séquences ont montré que ces organites descendent effectivement de bactéries voisines de certaines bactéries actuelles, et l'on a même pu préciser de quelles familles bactériennes il s'agissait. Quoi qu'il en soit, l'ADN des mitochondries et des plastes code des protéines ou, parfois, des fragments de protéines ; en effet, il existe quelques protéines dont une partie seulement est codée par l'ADN mitochondrial ou chloroplastique, le reste de la protéine étant codé par de l'ADN nucléaire.

Lors de la formation des cellules sexuelles (ou gamètes), il est fréquent que seule la cellule femelle (l'ovule) contienne des mitochondries et des plastes. Dans ce cas, contrairement à ce qui se passe pour l'ADN nucléaire de l'œuf fécondé et de l'organisme qui en dérive (ADN qui provient à égalité des gamètes mâle et femelle), l'ADN des mitochondries et des chloroplastes provient seulement de l'ovule.

11) Qu'est-ce qu'un OGM ?

Le sigle OGM signifie organisme génétiquement modifié. Pour un végétal, on dit aussi PGM pour plante génétiquement modifiée. Dans l'acception habituelle, un OGM est un organisme dans le génome duquel on a introduit un ou plusieurs gènes étrangers (ou, plus précisément, dans l'ADN duquel on a inséré un ou plusieurs fragments d'ADN étranger), et ceci dans des conditions telles que ce/ces gènes étrangers soient transcrits et traduits. Le fragment d'ADN étranger incorporé dans le génome d'un organisme récepteur (ici une plante) s'appelle un transgène ; l'opération consistant à l'incorporer s'appelle une transgénèse.

En toute rigueur, la quasi-totalité de nos aliments provient d'organismes génétiquement modifiés, en ce sens que ce ne sont pas des organismes naturels mais des organismes dont le génome a été modifié, à partir d'espèces naturelles, par les pratiques à long terme de l'agriculture et de l'élevage. La différence est que les organismes dont nous nous nourrissons ont été obtenus par un lent processus de sélection au cours de nombreuses générations ; on dit alors plus volontiers que ce sont des « organismes génétiquement améliorés », alors que la transgénèse est considérablement plus rapide et directive. Cela dit, dans l'état actuel de la technique, on ne sait pas incorporer les transgènes à volonté à tel ou tel endroit de l'ADN de l'organisme récepteur ; les transgènes sont donc incorporés au hasard dans l'ADN ; il leur arrive de changer d'emplacement lors des générations successives ou lors de transferts (voulus ou dus à des contaminations), ce qui peut modifier leur fonction. Ainsi, la transgénèse présente des possibilités intéressantes, d'ailleurs déjà utilisées, par exemple pour la recherche fondamentale et la pharmacologie, mais elle peut aussi présenter des risques qu'il convient d'étudier.

ANNEXE 3

CONDENSATION ET DÉCONDENSATION DU CALCIUM

Nous allons décrire brièvement la condensation/décondensation des ions, spécialement de l'ion Ca^{2+} (Manning, 1969). Souvent ignorée des manuels, elle peut jouer pourtant un rôle de commutateur dans les processus biologiques comme on le voit dans notre essai de modélisation des mémoires végétales.

La condensation de la vapeur d'eau

Il est bien connu qu'un objet suffisamment froid introduit dans une atmosphère gazeuse chargée de vapeur d'eau se couvre immédiatement de fines gouttelettes. On dit que la vapeur s'est « condensée » sur l'objet. C'est ce qui se passe quand vos lunettes ou le pare-brise de votre voiture se couvrent de buée. Les molécules d'eau, qui diffusaient librement dans l'atmosphère, s'effondrent littéralement sur l'objet froid. Cette condensation de l'eau présente deux propriétés remarquables : c'est d'une part un phénomène de tout ou rien, et d'autre part, si les molécules d'eau peuvent continuer à diffuser dans les gouttelettes de buée, elles ne peuvent plus s'éloigner de l'objet sur lequel elles se sont condensées. Par ailleurs, la condensation de l'eau est réversible : il suffit de réchauffer l'objet, pour que l'eau qui le couvrait repasse à l'état de vapeur, les molécules d'eau redevenant alors libres de diffuser dans l'atmosphère. C'est ce que réalise le dégivrage des vitres de votre voiture.

Au passage, le mot « dégivrage » n'est pas très bien choisi, car il n'est pas nécessaire que l'eau soit devenue du givre, c'est-à-dire qu'elle soit passée en phase solide, pour qu'on observe le phénomène. Tant que ne sont impliquées que les phases liquide et vapeur, mieux vaudrait sans doute parler de « désembuement » ou de « décondensation ».

La condensation ionique

Considérons maintenant (fig. A3.1) des structures fixes 1D[33], porteuses de charges électriques négatives et plongées dans une solution (ou un gel) contenant des ions libres négatifs et

33. Par « structure fixe », on entend qu'il s'agit de molécules ou d'édifices multimoléculaires de taille suffisamment grande pour qu'ils restent quasiment immobiles dans le milieu cellulaire ; à l'opposé, les petits ions et autres petits

positifs (dont l'ion divalent calcium, Ca^{2+}). De telles structures se rencontrent fréquemment dans les milieux cellulaires (acides nucléiques, files de protéines associées, constituants du cytosquelette, etc.).

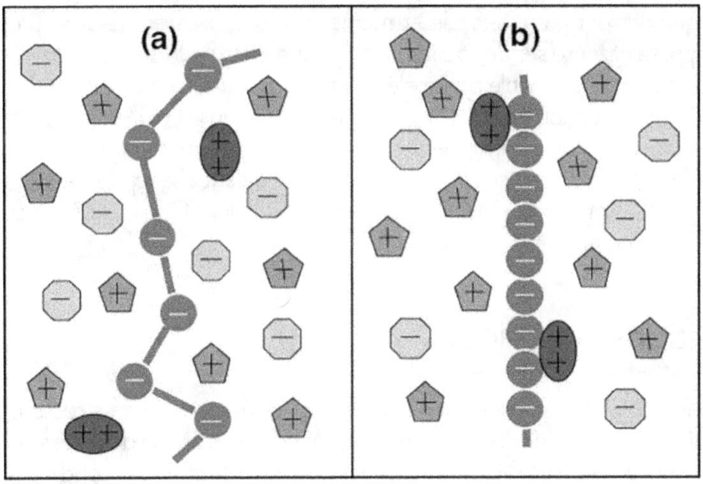

FIGURE A3.1 ■ **Phénomène de condensation du calcium sur une structure 1D. D'après Thellier & Lüttge, 2013.**

(a) Lorsque la densité de charges négatives de la structure fixe 1D est faible (inférieure à une valeur critique, ξ_c), les petits ions mono- et divalents diffusent librement dans la solution. **(b)** Lorsque la densité de charges négatives de la structure fixe 1D devient supérieure à ξ_c, les petits ions divalents (ici Ca^{2+}) se « condensent » sur la structure fixe chargée. La neutralité électrique locale est statistiquement respectée, c'est-à-dire qu'à un endroit quelconque du système, le nombre de charges négatives est toujours très voisin du nombre de charges positives. La structure fixe 1D peut avoir une forme plus ou moins tortueuse quand sa densité de charge est faible [cas (a)] ; mais, sous l'effet de la répulsion électrique, elle tend à se redresser quand sa densité de charge augmente [cas (b)].

On représente conventionnellement la densité de sites négatifs sur une structure fixe 1D par la lettre grecque ξ (prononcer « *ksi* »). Quand cette densité de sites négatifs, ξ, est faible, les ions libres diffusent sans contrainte dans la solution (ou le gel). Mais si quelque évènement fait que ξ augmente à une valeur supérieure à un seuil (représenté conventionnellement par le symbole ξ_r), les ions libres Ca^{2+} s'effondrent sur la structure fixe 1D de façon que ξ tende à baisser vers la valeur critique, ξ_c. On dit qu'ils se « condensent » sur cette structure fixe 1D. La condensation ionique (la condensation des ions Ca^{2+} dans le cas qui nous intéresse) présente deux propriétés remarquables : elle est de tout ou rien, et, contrairement aux processus chimiques habituels, elle n'obéit pas à la loi d'action de masse, et quand les ions Ca^{2+} sont condensés sur une structure fixe 1D, ils continuent à se mouvoir le long de cette structure, mais ils ne peuvent plus s'en éloigner. Par ailleurs, la condensation ionique est réversible : si quelque évènement fait que ξ devient inférieur à ξ_c, du calcium va se décondenser (repasser sous la forme d'ions Ca^{2+} libres) de façon que ξ tende à remonter vers la valeur critique, ξ_c.

---

solutés qui diffusent dans le milieu cellulaire sont donc « mobiles » (on dit encore « libres »). Structure 1D = structure à une seule dimension, ou, du moins, ayant une dimension principale. Par exemple, à notre échelle, un fil (qu'il soit étiré ou plus ou moins tortillé) est une structure 1D. À l'échelle moléculaire, l'ADN, les ARN, les filaments et tubules du cytosquelette, etc., sont des structures 1D.

Il y a une évidente parenté dans les caractéristiques de l'effondrement des molécules d'eau sur une paroi froide et l'effondrement des ions Ca^{2+} sur une structure 1D négativement chargée. C'est ce qui fait que l'on utilise le même mot de « condensation » pour caractériser ces deux processus. Cela dit, il est clair que la condensation de la vapeur d'eau et la condensation ionique ne sont pas une seule et même chose. La première peut se produire dans une atmosphère gazeuse sur des surfaces (qui sont des structures à deux dimensions) avec la température comme variable principale, alors que la deuxième ne se produit que sur des structures à une dimension dans une solution aqueuse ou un gel, et c'est la densité de charge électrique qui est la variable principale. Disons que le phénomène familier de la condensation de l'eau sur une paroi froide est une image commode, aidant à se représenter intuitivement le phénomène plus mystérieux qu'est la condensation des ions Ca^{2+} sur une structure fixe 1D électriquement chargée.

Implications biologiques

Du point de vue biologique, lorsque l'ion Ca^{2+} se condense sur une structure fixe 1D, la concentration du calcium devient particulièrement élevée au niveau de cette structure, alors qu'elle y est beaucoup plus faible tant que les ions Ca^{2+} ne sont pas condensés. Parmi les nombreux systèmes cellulaires dont l'activité dépend de la présence d'ions Ca^{2+} (par exemple les enzymes dites calcium-dépendantes), ceux qui sont liés à la structure fixe se trouvent donc activés quand l'ion Ca^{2+} est condensé alors que ceux éloignés de cette structure se trouvent inactivés (et inversement quand l'ion Ca^{2+} n'est pas condensé). Lorsque quelque évènement provoque (directement ou indirectement) une modification de la valeur de ξ (le rendant supérieur ou inférieur à ξ_c) sur une structure fixe 1D d'une cellule, le processus de condensation/décondensation peut donc jouer un rôle de commutateur faisant passer d'une situation où les systèmes Ca^{2+}-dépendants liés à la structure fixe 1D sont inactifs et ceux non liés sont actifs, à une situation où les systèmes Ca^{2+}-dépendants liés aux structures fixes 1D sont actifs et ceux non liés sont inactifs (ou inversement).

Glossaire (aide-mémoire)

Note : sont suivis d'un astérisque dans la définition, les mots donnant lieu à une définition complémentaire.

Abiotique. Un stimulus abiotique est un stimulus autre que causé par un être vivant, donc autre qu'une attaque par bactéries, virus ou champignons ou qu'une blessure infligée par un herbivore. Il peut s'agir du vent, de la pluie, d'un choc thermique (chaud ou froid), etc.

Acide aminé. Un acide aminé est une molécule de petite taille porteuse d'une fonction acide (–COOH) et d'une fonction amine ($–NH_2$). La formule générale d'un acide aminé est donc $HOOC–R–NH_2$ où R a une forme plus ou moins compliquée. Par exemple R prend la forme $H–C–CH_3$ ou $H–C–CH_2–CH_2–S–CH_3$ pour les acides aminés dits alanine et méthionine, respectivement. La chimie nous apprend qu'un acide peut réagir avec une amine pour donner un amide avec perte d'eau. L'existence des deux fonctions acide et amine confère aux acides aminés la capacité de se lier entre eux (avec perte d'eau) pour donner un dipeptide $HOOC–R1–NH–CO–R2–NH_2$ (où R1 et R2 sont caractéristiques des deux acides aminés impliqués). Le dipeptide possède à son tour une fonction acide et une fonction amine ; il peut donc se lier à un troisième acide aminé (avec perte d'eau) et ainsi de suite, jusqu'à former des enchaînements plus ou moins longs. Les protéines sont des enchaînements de quelques dizaines à quelques centaines d'acides aminés.

ADN (acide désoxyribonucléique). L'ADN est le support de l'information génétique que contiennent les cellules. Pour plus de détail, voir p. 90-91.

Æquorine. Protéine, que possède la méduse bioluminescente *Aequorea victoria*, et qui, en présence de calcium, permet de transformer en lumière une partie de l'énergie métabolique dont dispose la méduse.

Alterne, voir *feuille*.

Anion. Ion* négatif

Apex. Employé souvent comme synonyme de « bourgeon terminal » d'une tige.

ARN (acide ribonucléique). Il existe plusieurs sortes d'ARN, l'ARNm (ARN messager), les ARNr (ARN ribosomiques) et les ARNs (ARN solubles). Pour plus de détail, voir p. 92.

ARNm (acide ribonucléique messager). Formé dans le noyau des cellules par transcription* de l'ADN, il migre ensuite dans le cytoplasme où il est traduit (voir *traduction*) en protéine.

ARNr (acide ribonucléique ribosomique). Les ARNr entrent dans la constitution des ribosomes, petits organites cytoplasmiques qui participent à la traduction* des ARNm en protéines.

ARNs (acides ribonucléiques solubles). Molécules d'acide ribonucléique de petite taille impliquées dans le verrouillage* des gènes.

Atome. Particule constituant la plus petite quantité concevable d'un élément chimique. L'atome n'est pas insécable, contrairement à ce que l'on a cru initialement. Il est formé d'un noyau, lui-même constitué de deux sortes de particules, les protons* et les neutrons*, autour duquel gravite un cortège d'électrons*. Dans l'atome non ionisé (voir *ion*), le nombre d'électrons dans le cortège est égal au nombre de protons dans le noyau ; ce nombre caractérise l'élément considéré, que l'on représente conventionnellement par son symbole chimique. Ainsi, l'hydrogène, de symbole H, contient 1 proton dans son noyau et 1 électron dans son cortège ; l'hélium, de symbole He, contient 2 protons dans son noyau et 2 électrons dans son cortège ; le lithium, de symbole Li, contient 3 protons dans son noyau et 3 électrons dans son cortège, et ainsi de suite. L'ensemble des éléments chimiques et leur constitution est représentée dans le tableau de Mendeleïev.

Auxine. Appelée aussi acide indole-acétique par les chimistes, cette hormone végétale est impliquée dans des processus divers tels que la croissance, l'organogenèse (formation de nouveaux organes), la reproduction, la réponse à certains stimulus, etc.

Bioluminescence. Propriété qu'ont certaines espèces vivantes de détourner une partie de leur énergie métabolique vers une émission de lumière.

Bivalent. Un ion* bivalent est un ion porteur d'une double charge électrique.

Bourgeons cotylédonaires. Bourgeons situés à l'aisselle du (des) cotylédon(s)*. En cas de dominance apicale*, les bourgeons cotylédonaires sont inactifs et si petits qu'il est difficile de les distinguer à l'œil nu.

Cation. Ion* positif.

Cellule végétale. Dans une cellule végétale typique, on rencontre trois compartiments majeurs de l'extérieur vers l'intérieur : la paroi pecto-cellulosique, le cytoplasme avec le noyau et les organites (mitochondries, chloroplastes, etc.), et la (les) vacuole(s) (remplies d'un milieu aqueux non structuré). Le cytoplasme est séparé de la paroi par une membrane lipoprotéique dite plasmalemme (ou membrane plasmique) et il est séparé de la (les) vacuole(s) par une autre membrane lipoprotéique dite tonoplaste. Le noyau contient l'essentiel de l'information génétique, les mitochondries sont les organites de la respiration, et les chloroplastes ceux de la photosynthèse. Pour plus de détail, voir p. 15-17.

Chlorophylle. Pigment de couleur verte grâce auquel les végétaux verts effectuent la photosynthèse.

Chloroplaste. Organite cellulaire contenant de la chlorophylle.

Chromoprotéine. Molécule formée d'une protéine et d'un groupement coloré non protéique.

Chromosome. Au cours de la division cellulaire, l'ADN accompagné de protéines s'arrange en éléments figurés appelés chromosomes.

Circadien. On dit d'un rythme qu'il est circadien lorsque sa période est voisine de 24 heures. Par exemple, le rythme veille/sommeil des humains est un rythme circadien.

CNRS = Centre national de la recherche scientifique.

Code génétique. Tableau de correspondance entre les acides aminés et les codons (ou triplets) de l'ADN et de l'ARNm, lors de la synthèse des protéines (tab. A2.1).

Codons. Dans une chaîne d'ADN ou d'ARNm, triplets de nucléotides codant un acide aminé. Par exemple, le codon TCT de l'ADN, ainsi que le codon AGA de l'ARNm correspondant, codent l'acide aminé arginine lors de la synthèse des protéines. Pour plus de détail, voir p. 92-94 et tab. A2.1.

Cotylédons. Toutes premières feuilles des plantes. Ils préexistent dans la graine et s'élargissent et verdissent après la germination. On distingue les plantes monocotylédones et dicotylédones qui possèdent, respectivement, un seul et deux cotylédons.

Culture de tissus. Massifs de cellules plus ou moins dédifférenciées obtenus par culture en conditions aseptiques à partir d'un fragment végétal initial.

Cyanobactéries. Bactéries photosynthétiques anciennement dénommées « algues bleues ».

Cytoplasme, voir *cellule végétale.*

Cytosol. Dans le cytoplasme des cellules, milieu aqueux complexe au sein duquel baignent le noyau et les organites tels que les mitochondries, les plastes, etc.

Cytosquelette. Réseau de microfilaments et de microtubules qui structure le cytoplasme des cellules.

Décapitation. Ablation du bourgeon terminal (ou apex) d'une jeune plante. On dit alors que cette jeune plante est décapitée.

Dédifférenciation cellulaire, voir *différenciation.*

Déverrouillage d'un gène. On dit qu'un gène verrouillé (voir *verrouillage d'un gène*) se déverrouille lorsque, à la suite de réactions chimiques (par exemple, déméthylation, acétylation) ou du départ de certaines protéines (par exemple, histones) ou ARNs, il redevient capable d'être transcrit.

Dicotylédone. Plantes supérieures possédant deux cotylédons ; par exemple, parmi les plantes évoquées dans cet ouvrage, l'arabette, la bident, la lampourde, le lin, le radis, le tabac, la tomate sont des dicotylédones.

Différenciation cellulaire. Apparition de propriétés spécifiques dans les cellules, qui leur permet de se spécialiser (en cellules parenchymateuses, épidermiques, stomatiques, etc.) au cours du développement d'un organisme. Les cellules, encore indifférenciées, de l'embryon d'où provient cet organisme étaient au départ toutes semblables. Le verrouillage*/déverrouillage* de certains gènes permet la différenciation cellulaire. Il est relativement fréquent que des cellules végétales différenciées se dédifférencient et retournent vers un état proche de l'état embryonnaire.

Dioïque. Qualifie une plante aux sexes séparés, chez laquelle il existe des pieds mâles et des pieds femelles. Les plantes dioïques ne sont pas très courantes. Parmi celles qu'il est facile de rencontrer, on peut citer la bryone, le chanvre, le houblon.

Dionée attrape-mouche. Plante carnivore qui capture de petits insectes à l'aide de pièges foliaires se refermant sur les proies qui s'y aventurent.

Dominance apicale. On dit qu'il y a dominance apicale lorsque le bourgeon terminal, ou apex*, d'une tige se développe activement tout en inhibant la croissance des bourgeons sous-jacents.

Duplication, dupliquer, voir *réplication, répliquer.*

Électrons. Particules élémentaires légères, porteuses d'une charge électrique négative, qui gravitent autour du noyau des atomes.

Feuille. On dit qu'une plante a des *feuilles opposées* lorsque ces feuilles se présentent par paires où chacune des deux feuilles de la paire est disposée en face de l'autre, symétriquement par rapport à la tige ; on dit qu'une plante a des *feuilles alternes* lorsque ces feuilles sont décalées les unes par rapport aux autres tout au long de la tige. Que les feuilles soient opposées ou alternes, leur partie aplatie est appelée le *limbe* ; le *pétiole* rattache le limbe à la tige.

Gamète. Cellule reproductrice mâle ou femelle, dite spermatozoïde et ovule respectivement ou, plus fréquemment chez les végétaux, anthérozoïde et oosphère. La fécondation est l'union du gamète femelle et du gamète mâle pour donner l'œuf (ou zygote).

Gravitropique. Un stimulus gravitropique est un stimulus causé par la pesanteur, entraînant les parties aériennes à pousser vers le haut et les racines vers le bas.

Hyper-osmotique. On dit qu'une plante est soumise à un stress hyper-osmotique lorsqu'elle est transportée d'une solution nutritive normale à une solution nutritive additionnée d'une forte concentration d'une substance non absorbable par la plante. Cette solution concentrée attire l'eau de la plante. La plante perd son eau, comme elle ferait si elle était soumise à des conditions de grande sécheresse ; aussi, le stress hyper-osmotique peut mimer l'effet qu'aurait une privation d'eau.

Hypocotyle. Partie de la tige comprise entre la racine et le(s) cotylédon(s)*.

Ion. Atome ou molécule électriquement chargé à la suite d'une perte ou d'un gain d'électron(s). On obtient ainsi, respectivement, des ions positifs (ou cations) et des ions négatifs (ou anions). Les ions monovalents, bivalents, trivalents, etc., sont des atomes ou molécules ayant perdu, ou gagné, un, deux, trois... électrons. Par exemple, l'ion calcium, Ca^{2+}, est un cation bivalent.

Isomère. Deux molécules isomères (on dit aussi deux isomères) sont des molécules constituées des mêmes atomes, mais à l'arrangement différent. Par exemple, les molécules $CH_3CHOHCH_3$ et $CH_3CH_2CH_2OH$ (constituées l'une et l'autre de 3 atomes de carbone, 8 atomes d'hydrogène et 1 atome d'oxygène) sont des isomères portant une fonction alcool, l'un sur le deuxième et l'autre sur le troisième atome de carbone.

Isotopes. Atomes dont le noyau contient le même nombre de protons et des nombres différents de neutrons. Par exemple, les noyaux des trois isotopes du carbone (dits ^{12}C, ^{13}C et ^{14}C) contiennent tous 6 protons et, respectivement, 6, 7 et 8 neutrons.

Liber. Tissu assurant la conduction de la sève élaborée depuis les feuilles jusqu'au reste de la plante. Ses cellules, ou cellules libériennes, sont des cellules vivantes.

Limbe, voir *feuille.*

Lipide. Corps gras. Par exemple, les graisses animales et végétales, l'huile, le beurre sont principalement constitués de lipides. Les membranes des cellules vivantes sont faites d'un double feuillet de lipides associés à des protéines.

Macromolécule. Molécule de grande taille, donc une molécule formée d'un grand nombre d'atomes.

Méristème. Massif de petites cellules indifférenciées dont la prolifération par division et la différenciation progressive permettront la formation et la croissance des organes de la plante (racines, bourgeons, tiges).

Milieu nutritif, voir *solution nutritive.*

Mitochondries, voir *cellule végétale.*

Mitose. Façon la plus courante dont se déroule la division d'une cellule initiale (dite mère) en deux cellules dites filles. Lors de la formation des cellules reproductrices, on rencontre une forme différente de division cellulaire, dite méiose, dont nous n'aurons pas l'occasion de parler ici.

Monochromatique. Qualifie une lumière idéalement d'une seule couleur, c'est-à-dire, si l'on se représente la lumière comme une vibration électromagnétique, une lumière d'une seule fréquence. Comme il n'est guère possible de sélectionner une fréquence unique, une lumière monochromatique correspond en pratique à une très étroite bande de fréquences.

Monocotylédones. Plantes supérieures possédant un seul cotylédon ; par exemple, parmi les plantes évoquées dans cet ouvrage, les Poacées (autrefois dites Graminées) sont des monocotylédones.

Monovalent. Qualifie un ion* porteur d'une seule charge électrique.

Morphogène. Qualifie une substance (on dit parfois un morphogène) qui intervient dans le contrôle de la morphogenèse* d'un organisme.

Morphogenèse. Acquisition de la forme d'un individu (ici, une plante) par l'apparition et la croissance de ses divers organes au cours de son développement.

Neutron. Une des particules constitutives du noyau des atomes. Le neutron est électriquement neutre et sa masse est égale à environ 1 840 fois celle de l'électron.

Noyau. Dans le cytoplasme, le noyau d'une cellule vivante porte l'essentiel de l'information génétique. Le noyau d'un atome* contient l'essentiel de la masse de l'atome ; les électrons gravitent autour du noyau.

Nuclide. On rappelle qu'un atome est constitué d'un noyau (ou noyau atomique, à ne pas confondre avec le noyau d'une cellule vivante) et d'un cortège d'électrons. Le noyau est lui-même formé de l'association de deux types de particules (dites neutrons et protons). Un nuclide est un noyau atomique caractérisé par le nombre de protons et le nombre de neutrons qu'il contient. On représente conventionnellement un nuclide en faisant figurer le nombre de protons, ou nombre de charge, en bas et à gauche du symbole chimique et le nombre total de particules constitutives (protons + neutrons), ou nombre de masse, en haut à gauche du symbole chimique. Comme le nombre de charge fait double emploi avec le symbole chimique, il est fréquent de l'omettre. Ainsi, le nuclide ${}^{12}_{6}C$, ou ${}^{12}C$, est le noyau de l'isotope* le plus fréquent du carbone qui contient 6 protons (comme tous les atomes de carbone) et $12 - 6 = 6$ neutrons. De même, le nuclide ${}^{31}_{15}P$, ou ${}^{31}P$, est le noyau de l'isotope le plus fréquent du phosphore qui contient 15 protons (comme tous les atomes de phosphore) et $31 - 15 = 16$ neutrons, etc.

Nutrition minérale. Absorption par la racine des composés minéraux (nitrates, sulfates, phosphates et sels de potassium, calcium, magnésium, oligoéléments, etc.) dont la plante a besoin pour son développement.

OGM (organisme génétiquement modifié). Les OGM végétaux sont aussi appelés PGM (plantes génétiquement modifiées). Pour plus de détail, voir p. 97.

Opposée, voir *feuille.*

Oxymore (ou oxymoron). Expression qui contient une contradiction interne. « L'obscure clarté » qu'évoque le dramaturge Pierre Corneille dans la tragédie du *Cid* en est un exemple.

Parenchyme. Tissu interne des plantes. Par exemple, le parenchyme des feuilles est fait de cellules arrondies qui contiennent de la chlorophylle et effectuent la photosynthèse.

Paroi, voir *cellule végétale.*

Pétiole, voir *feuille.*

Phéromones. Substances volatiles, de natures chimiques diverses, émises à très faibles doses dans l'atmosphère par les êtres vivants (y compris les plantes), et qui peuvent provoquer des modifications du comportement des animaux et des végétaux qui y sont sensibles.

Photopériode. Durée relative du jour et de la nuit.

Photosynthèse. Mécanisme par lequel les végétaux verts libèrent de l'oxygène et fabriquent des sucres à partir de gaz carbonique et d'eau grâce à l'énergie qu'ils tirent de la fixation de la lumière.

Phytochrome. Molécule formée d'une partie protéique et d'une partie pigmentée non-protéique. Elle existe sous deux formes isomères*, que nous appelons ici phytochrome 1 et phytochrome 2. Le phytochrome passe sous la forme phytochrome 1 quand il est irradié par une lumière rouge sombre (proche de l'infrarouge), et sous la forme phytochrome 2 quand il est irradié par une lumière rouge clair (proche de l'orangé). En éclairage naturel, les deux formes de phytochrome coexistent, et c'est le rapport phytochrome 2 / phytochrome 1 qui contrôle la sensibilité des plantes à la durée relative du jour et de la nuit.

Phytoplancton. Ensemble des organismes photosynthétiques de petite taille vivant en suspension dans l'eau. Il existe du phytoplancton d'eau douce et du phytoplancton marin.

Plasmalemme, voir *cellule végétale.*

Polysome. Un polysome est fait d'un ARNm sur lequel sont enfilés plusieurs ribosomes*. Chacun de ces ribosomes est en train de construire une protéine en faisant correspondre les acides aminés constitutifs de la protéine aux triplets (ou codons) successifs de l'ARNm conformément au code génétique.

Protéines. Molécules formées d'un ou plusieurs enchaînements d'acides aminés*, chaque liaison s'établissant avec perte d'une molécule d'eau.

Protéome. Équipement en protéines propre à une cellule, un organisme, etc.

Proton. Une des particules constitutives du noyau des atomes. Le proton porte une charge électrique positive égale en valeur absolue à celle de l'électron et sa masse est d'environ 1 840 fois celle de l'électron.

Pulvinus. Renflement moteur présent à la base des pétioles de la sensitive. Ce sont des modifications du gonflement des cellules des pulvinus qui permettent les mouvements des folioles et des feuilles.

Quiescent. Qualifie un bourgeon inactif.

Réplication, répliquer. On dit qu'une cellule réplique (ou duplique) son ADN, ou encore qu'elle fait la réplication (ou la duplication) de son ADN, lorsqu'elle réalise une copie de l'ADN qu'elle contient. À la suite de cette opération, la cellule possède donc en double son ADN initial.

Ribosome. Un ribosome est un petit organite cellulaire, constitué de protéines et d'ARNr (acides ribonucléiques ribosomaux). Un ribosome peut s'enfiler sur un ARNm (acide ribonucléique messager) pour construire une protéine en faisant correspondre un acide aminé à chacun des codons (ou triplet) de l'ARNm selon le code de correspondance dit code génétique (tab. A2.1).

Sensitive. Plante des contrées tropicales dont les feuilles et les folioles s'abaissent rapidement au moindre contact, puis reprennent progressivement leur position première.

Sève. Il existe deux sortes de sève, la sève brute et la sève élaborée. La *sève brute*, qui est constituée de l'eau et des sels minéraux absorbés par la racine, est transportée de la racine aux feuilles par les vaisseaux du bois (lesquels sont des cellules mortes formant de véritables tubes). La *sève élaborée* est formée par l'enrichissement de la sève brute, au niveau des feuilles, par les substances organiques produites par la photosynthèse ; elle est transportée des feuilles au reste de la plante par les cellules (vivantes) du liber.

Solution nutritive. Dans les conditions naturelles, les végétaux poussent spontanément sur le sol où ils puisent, grâce à leurs racines, l'eau et les sels minéraux nécessaires à leur nutrition. Mais au laboratoire, ou pour certaines cultures (dites hors-sol), on préfère souvent les cultiver sur une solution (dite solution nutritive ou milieu nutritif) de composition connue en sels minéraux.

Statocytes. Cellules de la pointe des tiges ou des racines dont on pense qu'elles pourraient être impliquées dans la sensibilité des plantes au stimulus de gravitation.

Statolithes. Petits corpuscules riches en amidon qui sont présents dans les statocytes*. Les statolithes tendent à sédimenter dans le sens de la gravitation, et l'on pense qu'ils pourraient jouer un rôle dans la perception de la gravitation par les végétaux.

Stimulation, stimuler, voir *stimulus.*

Stimulus ou stimulation. Les termes « stimulus » et « stimulation » sont employés ici comme synonymes. Stimuler une plante, c'est lui administrer un stimulus. Une plante stimulée est une plante à laquelle on a administré un stimulus ou qui a perçu un stimulus.

Stomate. Parmi les cellules épidermiques, les stomates sont faits de deux cellules en forme de rein laissant entre elles une ouverture (dite ostiole) par où s'effectue la transpiration (perte de vapeur d'eau) et les échanges gazeux (principalement de gaz carbonique et d'oxygène). Selon les conditions ambiantes, ces cellules se déforment, ce qui a pour effet d'ouvrir ou de fermer l'ostiole et donc de favoriser ou de limiter la transpiration et les échanges gazeux.

Structure fixe. Une molécule ou un édifice multimoléculaire de tailles suffisamment grandes pour que cette molécule ou cet édifice multimoléculaire restent quasiment immobiles dans le milieu cellulaire sont des structures dites « fixes » ; à l'opposé, les petits ions et autres petits solutés soumis à la diffusion dans le milieu cellulaire sont donc des structures mobiles.

Structure 1D. Structure qui ne possède qu'une seule dimension (ou, du moins, qui a une dimension principale). À notre échelle, un fil (qu'il soit étiré ou plus ou moins tortillé) est une structure 1D. À l'échelle moléculaire, l'ADN et les ARN, ainsi que les filaments et tubules du cytosquelette*, etc., sont des structures 1D.

Substrat. Le substrat d'un processus de réaction ou de transport catalysé par une protéine est la substance impliquée (c.-à-d. transformée ou transportée) dans ce processus.

Symbiose. Association durable entre deux organismes vivants, profitable aux deux partenaires. Par exemple, un lichen est une symbiose entre un champignon et une algue.

Symbiote. Chacun des deux êtres associés dans une symbiose.

Tonoplaste, voir *cellule végétale.*

Traduction. La traduction d'un ARNm consiste à construire une protéine sur le patron de cet ARNm.

Transcription. La transcription d'un gène consiste à construire un ARNm sur le patron de l'ADN du gène. La transcription se produit dans le noyau de la cellule. Puis l'ARNm migre vers le cytoplasme. La transcription revient donc à faire passer l'information portée par les gènes depuis le noyau jusqu'au cytoplasme.

Transgène. Lorsque l'on fabrique un OGM*, le transgène est le fragment d'ADN étranger que l'on incorpore dans le génome de l'organisme récepteur (ici une plante).

Transgénèse. Opération qui consiste à fabriquer un OGM*, c'est-à-dire qui consiste à incorporer un ou plusieurs gènes étrangers dans le génome d'un organisme (ici une plante).

Triplet. Ensemble de trois nucléotides sur une chaîne d'ADN ou d'ARN. En utilisant les symboles classiques d'écriture des nucléotides, TCA et AGU sont des exemples de triplets d'une chaîne d'ADN et d'ARN, respectivement.

Trivalent. Qualifie un ion* porteur d'une triple charge électrique.

Turgescence. État de gonflement des cellules végétales.

Vacuole, voir *cellule végétale.*

Verrouillage d'un gène. On dit qu'un gène se verrouille lorsqu'il cesse de pouvoir être transcrit sous l'effet de réactions chimiques (méthylation) ou de la présence de certaines protéines (histones) ou d'ARNs.

Bibliographie

Alberts B., Bray D., Lewis J., Raff M., Roberts K., Watson J.D., 1983. *Molecular Biology of the Cell.* Garland Publishing, Inc., New York, 1 146 p. (plusieurs fois réédité et mis à jour depuis).

Bailey C., Chen M., 1983. Morphological basis of long-term habituation and sensitization in *Aplysia. Science*, 220, 91-93.

Baroin Tourancheau A., Tsao N., Klobutcher L.A., Pearlman R.E., Adoutte A., 1995. Genetic code deviations in the ciliates: Evidence for multiple and independent events. *EMBO J*, 14 (13), 3262-3267.

Beyl C.A., Mitchell C.A., 1977. Automated mechanical stress: Application for height control of greenhouse chrysanthemum. *HortSci*, 12, 575-577.

Bourgeade P., Boyer N., De Jaegher G., Gaspar T., 1989. Carry-over of thigmomorphogenesic characteristics in calli derived from *Bryonia dioica* internodes. *Plant Cell Tissue Organ Cult.*, 19, 199-211.

Boyer N., Gaspar T., Lamand M., 1979. Modification des isoperoxydases et de l'allongement des entre-nœuds de bryone à la suite d'irritations mécaniques. *Z Pflanzenphysiol*, 93, 459-470.

Braam J., Davis R.W., 1990. Rain-, wind- and touch-induced expression of calmodulin and calmodulin-related genes in *Arabidopsis. Cell*, 60, 357-364.

Davies E., Schuster A., 1981. Intercellular communication in plants: Evidence for a rapidly generated, bidirectionally transmitted wound signal. *Proc Natl Acad Sci USA*, 78, 2422-2426.

Davies E., Stankovic B., Vian A., Wood A.J. 2012. Where has all the message gone? *Plant Sci*, 185-186, 23-32.

Desbiez M.-O., Gaspar T., Crouzillat D., Frachisse J.-M., Thellier M., 1987. Effect of cotyledonary prickings on growth, ethylene metabolism and peroxidase activity in *Bidens pilosus. Plant Physiol Biochem*, 25, 137-143.

Desbiez M.-O., Kergosien Y., Champagnat P., Thellier M., 1984. Memorization and delayed expression of regulatory messages in plants. *Planta*, 160, 392-399.

Desbiez M.-O., Tort M., Monnier C., Thellier M., 1998. Asymmetrical triggering of the cell cycle in opposite buds of a young plant, after a slight cotyledonary wound. *CR Acad Sci Paris (Sciences de la Vie/Life Sciences)*, 321, 403-407.

Dolmetsch R.E., Lewis R.S., Goodnow C.C., Healy J.J., 1997. Differential activation of transcription factors induced by Ca^{2+} response amplitude and duration. *Nature*, 386, 855-858

Dudai Y., 2004. The Neurobiology of consolidations, or, how stable is the engram? *Annu Rev Psychol*, 55, 51-86.

Falkner R., Falkner G., 2003. Distinct adaptability during phosphate uptake by the Cyanobacterium *Anabaena variabilis* reflects information processing about preceding phosphate supply. *J Trace Microprobe Techn*, 21, 363-375.

Farineau J., Morot-Gaudry J.-F., 2011. *La Photosynthèse*, Quæ, Versailles, 412 p.

Frachisse J.-M., Desbiez M.-O., Champagnat P., Thellier M., 1985. Transmission of a traumatic signal via a wave of electric depolarization and induction of correlation between the cotyledonary buds in *Bidens pilosus. PhysiolPlant*, 64, 48-52.

Gamow G., 1955. *M. Tompkins s'explore lui-même*, Dunod, Paris, 286 p.

Gautheret R.J., 1935. Recherches sur la culture des tissus végétaux. *Rev Cytol Cytophysiol Veg*, 1, 1-279.

Gayler S., 2010. Modélisation de l'effet de facteurs de l'environnement sur la répartition des ressources dans un système végétal mixte. *CR Acad Agric France*, 96, 89-90.

Gayler S., Grams T.E.E., Heller W., Treutter D., Priesack E., 2008. A dynamic model of environmental effects on allocation to carbon-based secondary compounds in juvenile trees. *Annals Bot*, 101, 1089-1098.

Gayler S., Grams T.E.E., Kozovits A., Luedemann G., Winkler J.B., Priesack E., 2006. Analysis of competition effects in mono- and mixed cultures of juvenile beech and spruce by means of the plant growth simulation model PLATHO. *Plant Biol*, 8, 503-514.

Gehring M., Bubb K.L., Henikoff S., 2009. Extensive demethylation of repetitive elements during seed development underlies gene imprinting. *Science*, 324, 1447-1451.

Hammer P.A., Mitchell C.A., Weiler T.C., 1974. Height control in greenhouse chrysanthemum by mechanical stress. *HortSci*, 9, 474-475.

Henry-Vian C., Vian A., Dietrich A., Ledoigt G., Desbiez M.-O., 1995. Changes in the polysomal mRNA population upon wound signal expression or storage in *Bidens pilosa*. *Plant Physiol Biochem*, 33, 337-344.

Herms D.A., Mattson W.J., 1992. The Dilemma of plants: To grow or defend. *Quarterly Rev Biol*, 67, 283-335.

Karban R., Baldwin I.T., 1997. *Induced Responses to Herbivores*, The University of Chicago Press, Chicago, 330 p.

Karban C., Baldwin I.T., Baxter K.J., Laue G., Felton G.W., 2000. Communication between plants: Induced resistance of wild tobacco plants following clipping of neighbouring sagebrush. *Oecologia*, 125, 66-71.

Knight H., Brandt S., Knight M.R., 1998. A history of stress alters drought calcium signalling pathways in *Arabidopsis*. *Plant J*, 16, 681-687.

Knight M.R., Campbell A.K., Smith S.M., Trewavas A.J., 1991. Transgenic plant aequorin reports the effect of touch and cold-shock and elicitors on cytoplasmic calcium. *Nature*, 352, 524-526.

Knight M.R., Smith S.M., Trewavas A.J., 1992. Wind-induced plant motion immediately increases cytosolic calcium. *Proc Natl Acad Sci USA*, 89, 4967-4971.

Lefèvre J., Boyer N., Gaspar T., Desbiez M.-O., 1993. Change of peroxidase activity related to storage of information and immediate or delayed expression of the effect of cotyledon pricking on hypocotyl growth in tomato. *In* : *Plant peroxidases: biochemistry and physiology*, K.G. Welinder, S.K. Rasmussen, C. Penel, H. Greppin, eds.), Publications de l'Université, Genève, 345-348.

Lesburguères E., Gobbo O.L., Alaux-Cantin S., Hambucken A., Trifilieff P., Bontempi B., 2011. Early tagging of cortical networks is required for the formation of enduring associative memory. *Science*, 331, 924-928.

Lodish H., Berk A., Zipursky S.L., Matsudaira P., Baltimore D., Darnell J., 2000. Learning and Memory. *In* : *Molecular Cell Biology*, 4th edition, W.H. Freeman, New York, section 21-7.

Manning G.S., 1969. Limiting laws and counterion condensation in polyelectrolyte solutions. I. Colligative properties. *J Chem Phys*, 51, 924-933.

McAinsh M.R., Hetherington A.M., 1998. Encoding specificity in Ca^{2+} signalling systems. *Trends Plant Sci*, 3, 32-36.

Nick P., Schäfer E., 1988. Spatial memory during the tropism of maize. *Planta*, 175, 380-388.

Plieth C., Hansen U.P., Knight H., Knight M.R., 1999. Temperature sensing by plants: The primary characteristics of signal perception and calcium response. *Plant J*, 18, 491-497.

Roux D., Vian A., Girard S., Bonnet P., Paladian F., Davies E., Ledoigt G., 2006. Electromagnetic fields (900 MHz) evoke consistent molecular responses in tomato plants. *Physiol Plant*, 128, 283-288.

Schrödinger E., 1944. *What is Life? The Physical Aspect of the Living Cell*, University Printing House, Cambridge, UK, 96 p.

Tafforeau M., Verdus M.-C., Charlionet R., Cabin-Flaman A., Ripoll C., 2002. Two-dimensional electrophoresis investigation of short-term response of flax seedlings to cold shock. *Electrophoresis*, 23, 2534-2540.

Tafforeau M., Verdus M.-C., Norris V., Ripoll C., Thellier M., 2006. Memory processes in the response of plants to environmental signals. *Plant Signal Behav*, 1, 9-14.

Tafforeau M., Verdus M.-C., Norris V., White G., Demarty M., Thellier M., Ripoll C., 2002. SIMS study of the calcium-deprivation step related to epidermal meristem production induced in flax by cold shock or radiation from a GSM telephone. *J. Trace Microprobe Techn*, 20, 611-623.

Tafforeau M., Verdus M.-C., Norris V., White G.J., Cole M., Demarty M., Thellier M., Ripoll C., 2004. Plant sensitivity to low intensity 105 GHz electromagnetic radiation. *Bioelectromagnetics*, 25, 403-407.

Thellier M., Desbiez M.-O., Kergosien Y., Champagnat P., 1981. Mise en mémoire de signaux morphogènes chez *Bidens pilosus* L. *CR Acad Sci Paris (série III)*, 292, 1187-1190.

Thellier M., Lüttge U., 2013. Plant memory. *Plant Biology*, 15, 1-12.

Thellier M., Ripoll C., Norris V., 2013. Memory processes in the control of plant growth and metabolism. *Nova Acta Leopoldina NF 114*, 391, 21-42.

Trewavas A., 1999. *Le Calcium c'est la vie*: Calcium waves. *Plant Physiol.*, 120, 1-6.

Trewavas A., 2003. Aspects of plant intelligence. *Ann Bot*, 92, 1-20 (voir en particulier la section "Plant memory and information retrieval").

Ueda M., Nakamura Y., 2006. Metabolites involved in plant movement and "memory": Nyctinasty of legumes and trap movement in the Venus flytrap. *Nat Prod Rep*, 23, 548-557.

Verdus M.-C., Cabin-Flaman A., Ripoll C., Thellier M., 1996. Calcium-dependant storage/retrieval of environmental signals in plant development. *CR Acad Sci Paris (Sciences de la Vie/Life Sciences)*, 319, 779-782.

Verdus M.-C., Le Sceller L., Norris V., Thellier M., Ripoll C., 2007. Pharmacological evidence for calcium involvement in the long-term processing of abiotic stimuli in plants. *Plant Signal Behav*, 2, 212-220.

Verdus M.-C., Ripoll C., Norris V., Thellier M., 2012. The Role of calcium in the recall of stored morphogenetic information by plants. *Acta Biotheor*, 60, 83-97.

Verdus M.-C., Thellier M., Ripoll C., 1997. Storage of environmental signals in flax: Their morphogenetic effect as enabled by a transient depletion of calcium. *Plant J*, 12, 1399-1410.

Vian A., Roux D., Girard S., Bonnet P., Paladian F., Davies E., Ledoigt G., 2006. Microwave irradiation affects gene expression in plants. *Plant Signal Behav.*, 1, 67-70.

Volkov A.G., Carrel H., Adesina T., Markin V.S., Jovanov E., 2008. Plant electrical memory. *Plant Signal Behav.*, 3, 490-492.

Wheeler R.M., Salisbury F.B., 1979. Water spray as a convenient means of imparting mechanical stimulation to plants. *HortSci*, 14, 270-271.

Édition : Mickaël Legrand
Formaté typographiquement par Desk, Laval (53) – 02 43 01 22 11
Imprimé pour vous par Books on Demand (Allemagne)

www.ingramcontent.com/pod-product-compliance
Lightning Source LLC
LaVergne TN
LVHW010823051026
849532LV00007B/2610